主 编
蔡 清
杨金鹤
张 炎

U0155661

园林
艺术设计

 江苏凤凰美术出版社

图书在版编目（CIP）数据

园林艺术设计 / 蔡清, 杨金鹤, 张炎主编. -- 南京:
江苏凤凰美术出版社, 2021.1
ISBN 978-7-5580-8042-5

Ⅰ.①园… Ⅱ.①蔡… ②杨… ③张… Ⅲ.①园林设
计 Ⅳ.①TU986.2

中国版本图书馆CIP数据核字（2020）第272185号

责任编辑　韩　冰
助理编辑　唐　凡
书籍设计　魏宗光　徐　慧
责任监印　于　磊

书　　名　园林艺术设计
主　　编　蔡　清　杨金鹤　张　炎
出版发行　江苏凤凰美术出版社（南京市湖南路1号　邮编：210009）
出版社网址　http://www.jsmscbs.com.cn
制　　版　南京新华丰制版有限公司
印　　刷　江苏圣师印刷有限公司
开　　本　889mm×1194mm　1/16
印　　张　11.75
字　　数　200千字
版　　次　2021年1月第1版　2021年1月第1次印刷
标准书号　ISBN 978-7-5580-8042-5
定　　价　60.00元

营销部电话　025-68155792　营销部地址　南京市湖南路1号
江苏凤凰美术出版社图书凡印装错误可向承印厂调换

《园林艺术设计》是一门空间与时间的综合性艺术。它一方面关乎现实的生活环境，要满足人们物质生活上的功能要求；另一方面又是反映意识形态，精神面貌的一种艺术，要满足人们精神生活的需要。

本教材具有如下特点：

1.本教材的编写立足"对分课堂"教学模式，注重应用型人才培养，打破传统教材的讲授结构，优化教学内容，提炼理论要点；结合理论要点丰富案例素材，强调理论讲授与案例素材匹配，注重案例素材的多样性；以理论要点讲解结合案例素材的方式，在理论要点与案例素材之间形成教学留白，给学生自主学习、探究发现的空间；实现学生从案例模仿到新问题的探究，再到分析解决问题能力的培养；提升学生的理论与实践结合能力、批判性思维能力、创新思维能力等；探索适于"对分课堂"及应用型人才培养教学的教材模式。

2.本教材的编写在尊重学生个体差异的基础上，结合应用型人才教学需要，针对同一理论，提供丰富的具有难度梯度的多个素材，以满足不同层次学生的学习需要，从而实现分层教学。

3.本教材的编写通过学法指导，使学生掌握每章学习的目标。通过理论思考与实训操作，引领学生思考，促使学生内化吸收。在排版上注重页面留白，通过学生的圈点记录，使其成为一本记录学生学习轨迹的学习册，从而超越了传统意义上的教材。

本教材全程邀请"对分课堂"创始人、复旦大学张学新教授作为撰写指导，在编写过程中参考了国内外有关文献，得到了哈尔滨市园林绿化科研所高级工程师和巍、郑州市城市园林科学研究所工程师孙飞及刘宝灿的指导帮助。东北农业大学张献丰同学绘制了部分图纸。借此机会，谨向张学新教授及有关专家、学者及有关单位表示由衷地感谢。本教材第一次尝试新的教材编写模式，经过张学新教授的指导及编者们的不懈努力最终得以完成，但难免有疏漏不足之处，真诚欢迎广大读者、同行及专家给予指正，深表谢意。

本教材为平顶山学院自编教材项目；2019年河南省高等教育教学改革研究与实践重点项目《OBE理念下的教学实施体系研究与实践》（项目编号：2019SJGLX144）中期研究成果；2019年度平顶山学院《园林艺术》应用型课程建设（项目编号：2019-YYXKC29）中期研究成果；2020年河南省本科高校课程思政样板课程建设中期研究成果；2020年度平顶山学院校级教改《基于"两性一度"的〈园林艺术〉"金课"建设与研究》（项目编号：2019-JY50）中期成果；2020年平顶山学院"互联网＋教育"专题教学研究与实践项目《互联网+OBE理念下的可视化学业评价体系的构建——以〈园林艺术〉课程为例》（项目编号：HLW202047）中期成果；2020年平顶山学院《园林艺术》课程思政改革项目中期研究成果。

本教材共八章，各章主要内容及分工如下：

第一章，中国园林概述，张炎撰写，2.8万字；

第二章，园林艺术构图法则，张炎撰写，1.1万字；

第三章，园林水景艺术，张炎撰写，2万字；

第四章，园林地形与山石艺术，杨金鹤撰写，2.4万字；

第五章，园林道路艺术，蔡清撰写，1.9万字；

第六章，园林建筑及小品艺术，杨金鹤撰写，3.6万字；

第七章，园林植物艺术，蔡清撰写，3.4万字；

第八章，园林设计程序及图纸实务，蔡清撰写，2.8万字。

| 目 录 | contents |

| 第一章 | 中国园林概论

学习目标

1.知识目标

（1）能够简述园林发展历史，用自己的话描述每一阶段园林发展的特征。

（2）能够说出不同园林布局形式的特征。

（3）能够罗列出不同类型园林的特点。

2.能力目标

（1）能够依据场地性质与现状，合理选择园林布局形式，进行园林设计创作。

（2）能够将中国园林类型的特征及设计要点，借鉴运用到园林设计创作中。

3.情意目标

（1）能够感受园林之美，有追求美好生活的意识。

（2）能够在方案创作中，形成以人为本时代精神的意识。

（3）能够在团队合作中，依从团结互助的原则。

（4）能够在我国园林艺术案例中，感受我国园林艺术的博大精深及匠人精神。

学习重点

1.园林布局形式及其设计要点。

2.中国园林的类型及其特征。

3.依从以人为本、团结互助的时代精神。

情意培养

1.在园林风格与类型学习中，感受我国古典园林的博大精深，学习古人的匠人精神，形成职业自豪感。

2.在团队合作中，学会团结互助、人际沟通、观点表达。

● 第一节 中国园林发展简史

所谓园林，是指在一定的地域范围内，根据功能要求（精神及物质生活需要）、经济技术条件和艺术布局规律，利用并改造天然山水地貌或人工创造山水地貌，结合植物栽培和建筑、道路布局，从而构成一个供人们观赏、游憩的环境。

一、理论要点

（一）中国古典园林发展

中国古典园林历史悠久，大约从公元前 11 世纪的奴隶社会末期直到 19 世纪末封建社会解体为止，在 3000 余年漫长的、不间断的发展过程中形成了世界上独树一帜的风景式园林体系——中国园林体系。中国古典园林的全部发展历史分为四个时期：

1. 生成期

即园林产生和成长的幼年期，相当于殷、周、秦、汉时期。这一时期，皇家的宫廷园林规模宏大、气魄雄浑，成为这个时期造园活动的主流。

（1）殷、周朴素的囿。中国最早见之于文字记载的园林是《诗经·灵台》篇中记述的灵囿。灵囿是在植被茂盛、鸟兽孳繁的地段，掘沼筑台（灵沼、灵台），作为游憩、生活的境域。

（2）秦汉建筑宫苑和"一池三山"。秦始皇统一中国后，营造宫室，规划宏伟壮丽。这些宫室营建活动中也有园林建设，如"引渭水为池，筑为蓬、瀛"。汉代，在囿的基础上发展出新的园林形式——苑，其中分布着宫室建筑。苑中养百兽，供帝王射猎取乐，保存了囿的传统。苑中有宫，有观，成为以建筑组群为主体的建筑宫苑。汉武帝刘彻扩建上林苑，地跨五县，周围三百里，"中有苑二十六，宫二十，观三十五"。建章宫是其中最大的宫城，"其北治大池，渐台高二十余丈，名曰太液池，中有蓬莱、方丈、瀛洲，壶梁象海中神山、龟鱼之属"。这种"一池三山"的形式，成为后世宫苑中池山之筑的范例。

（3）西汉山水建筑园。西汉时已有贵族、富豪的私园，规模比宫苑小，内容仍不脱囿和苑的传统，以建筑组群结合自然山水，如梁孝王刘武的梁园。茂陵富人袁广汉于北邙山下筑园，构石为山，反映当时已用人工构筑石山。园中有大量建筑组群，园中景色大体还是比较粗放的，这种园林形式一直延续到东汉末期。

2. 转折期

相当于魏、晋、南北朝时期。这一时期，民间的私家园林异军突起，寺观园林也开始兴盛起来，形成造园活动从产生到全盛的转折，初步确立了园林美学思想，奠定了中国风景式园林发展的基础。

（1）南北朝自然山水园。这个时期园林受文学、美术上崇尚歌颂自然和田园生活思想主题的影响，则追求再现山水，有若自然，筑山以仿真山为主，所以山必求其宏大，峰必求其高峻。也就产生了一种新的园林形式——自然山水园。这种自然山水园的发展转过来影响了建筑宫苑这一形式，并促进其向自然山水园转变。同时，由于建筑艺术的进一步发达，宫苑和园林建筑艺术也达到了一个高峰。这个时期的园林继承了古代"一池三山"的格式，变宫室建筑主体为山水主体，南北朝时期园林是山水、植物和建筑相互结合组成的山水园，这时期的园林可称作自然山水园或写实山水园。

（2）佛寺丛林和游览胜地。南北朝时佛教兴盛，广建佛寺。佛寺建筑可用宫殿形式，宏伟壮丽并附有庭园。尤其是不少贵族官僚舍宅为寺，原有宅园成为寺庙的园林部分。很多寺庙建于郊外，或选山水胜地营建。这些寺庙不仅是信徒朝拜进香的圣地，而且逐渐成为风景游览胜地。

3. 全盛期

相当于隋、唐时期。这一时期，园林所具有的风格特征已经基本上形成。

（1）隋代山水建筑宫苑。隋炀帝杨广即位后，在东京洛阳大力营建宫殿苑囿。别苑中以西苑最著名，西苑的风格明显受到南北朝自然山水园的影响，以湖、渠水系为主体，将宫苑建筑融于山水之中。这是中国园林从建筑宫苑演变到山水建筑宫苑的转折点。

（2）唐代宫苑和游乐地。唐朝国力强盛，长安城宫苑壮丽。大明宫北有太液池，池中蓬莱山独踞，池周建回廊400多间。幸庆宫以龙池为中心，围有多组院落。大内三苑以西苑最为优美，苑中有假山，有湖池，渠流连环。长安城东南隅有芙蓉园、曲江池，一定时间内向公众开放，实为古代一种公共游乐地。唐代的离宫别苑，比较著名的有麟游县天台山的九成宫，是避暑的夏宫；临潼区骊山北麓的华清宫，是避寒的冬宫。

（3）唐代自然园林式别业山居。盛唐时期，中国山水画已有很大发展，出现了寄兴写情的画风。园林方面也开始有体现山水之情的创作。盛唐诗人、画家王维在蓝田县天然胜区，利用自然景物，略施建筑点缀，经营了辋川别业，形成了既富有自然之趣，又有诗情画意的自然园林。中唐诗人白居易游庐山，见香炉峰下云山泉石胜绝，因置草堂，建筑朴素，不施朱漆粉刷。草堂旁，春有绣花谷（映山红），夏有石门云，秋有虎溪月，冬有炉峰雪，四时佳景，收之不尽。唐代文学家柳宗元在柳州城南门外沿江处，发现一块弃地，斩除荆丛，种植竹、松、杉、桂等树，临江配置亭堂。这些园林创作反映了唐代自然式别业山居，是在充分认识自然美的基础上，运用艺术和技术手段来造景、借景而构成优美的园林境域。

（4）唐宋写意山水园。到了唐宋，特别是唐代，我国独特的民族艺术达到了空前的繁荣。特别是山水画的发展，影响到园林创造上，以诗情画意写入园林，效法自然，高于自然，寓情于景，情景交融，把自然山水园向前推进了一步。这种新的园林，不只是反映自然本身的美，而且是用艺术的手法来加强它，用诗情画意来美化它，以景入画，以画设景，并且注重意境的表现，故称之为唐宋写意山水园，或称文人山水园。

4. 成熟时期及成熟后期

成熟时期相当于两宋到清初，园林的发展由盛年期而升华为富于创造进取精神的完全成熟的境地。成熟后期相当于清中叶到清末，园林的发展，一方面继承前一时期的成熟传统，而更趋于精致，表现了中国古典园林的辉煌成就；另一方面则暴露出某些衰颓的倾向，已多少丧失前一时期的积极、创新精神。

（1）北宋山水宫苑。北宋时建筑技术和绘画都有发展，出版了《营造法式》，兴起了界画。宋敬宗赵佶先后修建的诸宫，都有苑圃。政和七年（1117年）始筑万岁山，后更名艮岳。艮岳主山寿山，岗连阜属，西延为平夷之岭，有瀑布、溪涧、池沼形成的水系。在这样一个山水兼盛的境域中，树木草花，群植成景，亭台楼阁因势布列。这种全景式的表现山水、植物和建筑之胜的园林，称为山水宫苑。

（2）元、明、清宫苑。元、明、清三代建都北京，大力营造宫苑，历经营建，完成了西苑三海、故宫御花园、圆明园、清漪园、静宜园、静明园及承德避暑山庄等著名宫苑。

这些宫苑或以人工挖湖堆山（如三海、圆明园），或利用自然山水加以改造（如避暑山庄、颐和园）。宫苑中以山水、地形、植物来组景，因势因景点缀园林建筑。这些宫苑中仍可明显地看到"一池三山"传统的影响。清乾隆以后，宫苑中建筑的比重又大为增加。

这些宫苑是历代朝廷集中大量财力物力，并调集全国能工巧匠精心设计施工的，总结了几千年来中国传统的造园经验，融会了南北各地主要的园林风格流派。在艺术上达到了完美的境地，是中国园林的主要遗产。大型宫苑多采用集锦的方式，集全国名园之大成。承德避暑山庄的"芸径之堤"，仿自杭州西湖苏堤，烟雨楼仿自嘉兴南湖，金山仿自镇江，万树园模拟蒙古草原风光。圆明园的一百处景区中，有仿照杭州的"断桥残雪""柳浪闻莺""平湖秋月""雷峰夕照""三潭印月""曲院风荷"，有仿照宁波"天一阁"的"文源阁"，有仿照苏州"狮子林"的假山等。这种集锦式园林，成为中国园林艺术的一种传统。

这时期的宫苑还吸收了蒙、藏、维吾尔等少数民族的建筑风格，如北京颐和园后山建筑群、承德外八庙等。清代中国同国外的交往增多，西方建筑艺术传入中国，首次在宫苑中被采用。如圆明园中俗称"西洋楼"的一组西式建筑，包括远瀛观、海晏堂、方外观、观水法、线法山、谐奇趣等，以及石雕、喷泉、整形树木、绿丛植坛等园林形式，就是当时西方盛行的建筑风格。这些宫苑后来被帝国主义侵略者焚毁了。

明清时期，江浙一带经济繁荣，文化发达，南京、湖州、杭州、扬州、无锡、苏州、太仓、常熟等城市，宅园兴筑，盛极一时。这些园林是在唐宋写意山水园的基础上发展起来的，强调主观的意兴与心绪表达，重视掇山、叠石、理水等技巧，突出山水之美，注重园林的文学趣味，称为文人山水园。

（二）中国近现代园林

清末民初，封建社会完全解体，历史发生急剧变化。西方文化大量涌入，中国园林的发展亦相应地产生了根本性的变化，结束了它的古典时期，开始进入世界园林发展的第三阶段——近现代园林阶段，开始了由封闭的、古典的体系向着开放的、非古典体系的转化过程。

1840年鸦片战争后，特别是辛亥革命后，中国的园林历史进入一个新的阶段。主要标志是公园的出现，西方造园艺术大量传入中国。从鸦片战争到中华人民共和国建立这个时期，中国园林发生的变化是空前的，园林为公众服务的思想，把园林作为一门科学的思想得到了发展。1949年中华人民共和国建立以后，中国园林进入现代园林阶段，中国园林的发展大致经历了恢复建设时期、调整时期、损坏时期、蓬勃发展时期和巩固前进时期共五个阶段。

中国快速的城市化进程，给中国的园林专业提出了严峻的挑战，同时也是难得的发展机会。中国园林专业应以环境与社会现实的需求为出发点，把握专业发展的历史机遇，确立未来园林专业的主攻方向，强化理论研究，改进教育体系。特别应放弃小农式园林包袱，勇敢承担起人类生态系统设计的重任。在现有专业领域基础上，努力在居住社区的总体规划和设计、自然保护地的规划、城乡整体景观和生态规划、国土规划、城市设计、旅游地规划设计等方面起主导作用，成为维护自然生态过程，协调人与自然关系的中坚。

二、案例素材

（一）历史史略

殷、周时期为奴隶制国家，奴隶主贵族通过分封采邑制度获得其世袭不变的统治地位。贵族的宫苑是中国古典园林的雏形，也是皇家园林的前身。秦、汉的政体演变为中央集权的郡县制，确立皇权为首的官僚机构的统治，儒学逐渐获得正统地位。以地主小农经济为基础的封建大帝国形成。

魏、晋、南北朝时期，小农经济受到豪族庄园经济的冲击，北方落后的少数民族南下入侵，帝国处于分裂状态。而在意识形态方面则突破了儒学的正统地位，呈现为诸家争鸣、思想活跃的局面。豪门士族在一定程度上削弱了以皇权为首的官僚机构的统治，民间的私家园林异军突起。佛教和道教的流行，使得寺观园林也开始兴盛起来。

隋、唐时期，帝国复归统一，豪族势力和庄园经济受到抑制，中央集权的官僚机构更为健全、完善，在前一时期诸家争鸣的基础上形成儒、道、释互补共尊的局面，儒家仍居正统地位。唐王朝的建立开创了帝国历史上一个意气风发、勇于开拓、充满活力的全盛时代。

两宋到清初，中国封建社会发育定型，农村的地主小农经济稳步成长，城市的商业经济空前繁荣，市民文化的兴起为传统文化注入了新鲜血液。封建文化的发展虽已失去了汉、唐的闳放风度，但转化为日益缩小的精致境界中实现着从总体到细节的自我完善。

（二）上林苑

上林苑是中国历史上最负盛名的苑囿之一，位于汉都长安郊外（今西安附近）。上林苑最初是秦代修建的。汉武帝建元三年（公元前 138 年）进行了扩建。扩建后的上林苑，规模宏大，筑台登高，极目远眺，到处都是大尺度、远视距、保持原貌的自然景观。

上林苑范围所属，东起蓝田、宜春、鼎湖、御宿、昆吾，沿终南山而西，至长杨、五柞，北绕黄山，濒渭水而东折，其地广达三百余里。苑中冈峦起伏笼众崔巍，深林巨木崭岩参差，渭、泾、沣、涝、潏、滈、浐、灞八条河流流注苑内，更有灵昆，积草，牛首，荆池，东、西破池等诸多天然和人工开凿的池沼，自然地貌极富变化，恢宏而壮丽。由于苑内山水咸备、林木繁茂，其间孕育了无数各类禽兽鱼鳖，形成了理想的狩猎场所。

据《汉书·旧仪》载："苑中养百兽，天子春秋射猎苑中，取兽无数。其中离宫七十所，容千骑万乘。"可见上林苑仍保存着射猎游乐的传统，但主要内容已是宫室建筑和园池。据《关中记》载，上林苑中有 36 苑、12 宫、35 观。36 苑中有供游憩的宜春苑，供御人止宿的御宿苑，为太子设置招宾客的思贤苑、博望苑等。上林苑中有大型宫城建章宫，还有一些各有用途的宫、观建筑。如演奏音乐和唱曲的宣曲宫，观看赛狗、赛马和观赏鱼鸟的犬台宫、走狗观、走马观、鱼鸟观，饲养和观赏大象、白鹿的观象观、白鹿观，引种西域葡萄的葡萄宫和养南方奇花异木如菖蒲、山姜、桂、龙眼、荔枝、槟榔、橄榄、柑橘之类的扶荔宫，角抵表演场所平乐观，养蚕的茧观，还有承光宫、储元宫、阳禄观、阳德观、鼎郊观、三爵观等。

上林苑中诸多池沼，见于记载的有昆明池、镐池、祀池、麋池、牛首池、蒯池、积草池、东陂池、当路池、太液池、郎池等。其中昆明池是汉武帝元狩四年（公元前 119 年）所凿，在长安西南，周长 40 里，列观环之，又造楼船高十余丈，上插旗帜，十分壮观。据《史记·平准书》和《关中记》，修昆明池是用来训练水军的。据《三辅故事》："昆明池三百二十五顷，池中有豫章台及石鲸，刻石为鲸鱼，长三丈。"又载："昆明池中有龙首船，常令宫女泛舟池中，张凤盖，建华旗，作濯歌，杂以鼓吹。"在池的东西两岸立牵牛、织女的石像。上林苑中不仅天然植被丰富，初修时群臣还从远方各献名果异树 2000 余种。

秦汉的上林苑，用太液池所挖土堆成岛，象征东海神山，开创了人为造山的先例。

（三）留园

留园为中国大型古典私家园林，始建于明万历二十一年（1593年），占地面积23300平方米，园以建筑艺术精湛著称，厅堂宽敞华丽，庭院富有变化，太湖石以冠云峰为最，有"不出城郭而获山林之趣"之称。其建筑空间处理精湛，造园家运用各种艺术手法，构成了有节奏有韵律的园林空间体系，成为世界闻名的建筑空间艺术处理的范例。

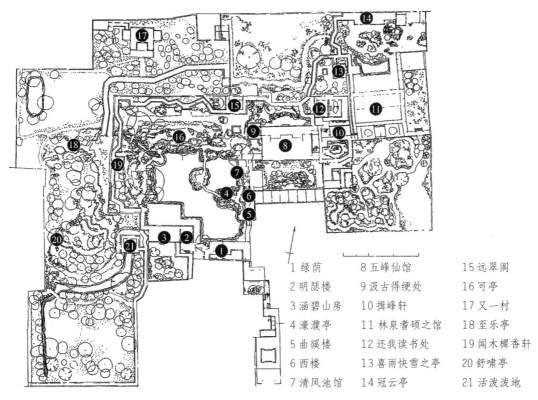

1 绿荫	8 五峰仙馆	15 远翠阁
2 明瑟楼	9 汲古得绠处	16 可亭
3 涵碧山房	10 揖峰轩	17 又一村
4 濠濮亭	11 林泉耆硕之馆	18 至乐亭
5 曲磎楼	12 还我读书处	19 闻木樨香轩
6 西楼	13 喜雨快雪之亭	20 舒啸亭
7 清风池馆	14 冠云亭	21 活泼泼地

图1-1　留园平面图（引自《中国古典园林史》）

现园分四部分，中部为山水花园，东部以建筑及庭院为主，西部是土石相间的山林景色，北部则是田园景色。留园是典型的南厅北水、隔水相望的江南宅院的模式。

中部：从园门入，经七八个天井小院，方达中部，曲廊回合曲折，天井时明时暗，其空间效果被业内人士所称道。出绿荫，空间豁然开朗，中池胜景，尽收眼底。池南主体建筑涵碧山房坐南朝北，东接明瑟楼，此楼与主厅合为一舫，厅为中舱，楼为后舱，远观轮廓清晰。涵碧山房前出月台，临水而设，为赏景最佳处，西北两面假山，东面建筑，东北小岛绿廊，全园胜景一概掌中。依爬山曲廊向西登山，山顶依廊为闻木樨香轩，出轩下山，见水池一溪流出半廊之外，到西园。

图1-2 留园水景（自拍）

东部：东部的主体建筑是五峰仙馆和林泉耆硕之馆，两馆一西一东并列，有多个小院环绕，院中石景是精华所在。五峰仙馆用楠木构架，称为楠木厅，装修精美，陈设华丽，隔扇花鸟，金石拓片，被称为江南第一厅。五峰仙馆东面为揖峰轩，轩壁开方洞正对石缝，故名揖峰轩。院名石林小院，院中花木与湖石参差。小院南侧为洞天一碧，内设石桌鼓凳，后墙开洞窗，剪石、藤、竹三影。洞天一碧北面为还我读书处，语出陶渊明的《读山海经诗》"既耕亦已种，时还读我说"。林泉耆硕之馆为鸳鸯厅，鸳鸯厅南面有庭院，北面为冠云峰所在。

西部：西部南北狭长，面积约十余亩。北面是小桃坞，桃花烂漫；中部土石假山，遍植枫树，两亭对立。北亭为乐亭，南亭为舒啸亭。

北部：从冠云峰景区依曲廊西去，可到园林北部，先是月季园，后是又一村。月季园空旷敞朗，与委婉之院形成对比。

图1-3 土石假山（自拍）

图1-4 冠云峰（自拍）

三、理论思考、实训操作与价值感悟

1. 中国园林不同发展时期呈现不同园林特色的原因。

2. 中国传统文化对中国传统园林的影响。

3. 对中国传统园林典型设计元素进行提取，将其引入到新中式园林设计中。

4. 请你列举出3点你认为我国古典园林最值得学习的地方。

● 第二节 园林布局形式

一、理论要点

园林布局就是在立意的基础上，根据园林的特点和性质，确定园林各构成要素的位置和相互之间关系的活动。

（一）规则式园林

规则式园林又称整形式、建筑式、图案式或几何式园林。地形地貌处理上，在平原地区，由不同标高的水平面和缓倾斜的平面组成；在山地及丘陵地，由阶梯式大小不同的水平台地、倾斜平面及石级组成，其剖面均为直线。在水体处理上，水体的外形轮廓均为几何形，采用整齐式驳岸，园林水景的类型以整形水池、壁泉、喷泉、整形瀑布及运河等为主。在轴线与建筑处理上，规则式布局一般有明显的中轴线，中轴两侧的内容大体对称，平面构成上线条都是直线或有几何轨迹可循的曲线，由平面图案组成。个体建筑、建筑群和大规模建筑组群的布局采取中轴对称均衡的手法。以主要建筑群和次要建筑群形成的主轴和副轴系统控制全园。在道路广场处理上，园林中空旷地和广场外形轮廓均为几何形，封闭性的草坪、广场空间以对称建筑群或规则式林带、树墙包围。道路均为直线、折线或几何曲线，构成方格形或环状放射形、中轴对称或不对称的几何布局。在种植设计上，以图案为主题的模纹花坛或花镜为主，树木配植成行列式和对称式，并运用大量的绿篱、绿墙以区划和组织空间，树木整形修剪以模拟建筑体形和动物形态。在园林小品上，除以建筑、花坛群、规则式水景和喷泉为主景外，其他多采用盆树、盆花、饰瓶、雕像为主要景物，雕像的基座为规则式，雕像位置多配置于轴线的起点、终点和交点。

总之，规则式园林的特点是强调人工美、理性整齐美、秩序美，给人庄重、严整、雄伟、开朗的视觉感受，同时也由于它过于严整，对人产生一种威慑力量，使人拘谨，规则式空间开朗有余，变化不足，给人一览无余之感，缺乏自然美，并且管理费工。法国的凡尔赛宫苑、意大利的埃斯特庄园、北京的故宫、天坛以及南京的中山陵等都是规则式园林。

（二）自然式园林

这一类园林，又称为风景式、不规则式、山水园林等。地形地貌处理上，在平原地带，地形为自然起伏的和缓地形，与人工堆置的若干自然起伏的土丘相结合，其断面为和缓的曲线；在山地和丘陵地，则利用自然地形地貌，除建筑和广场基址以外，不做人工阶梯形的地形改造工作，原有破碎割切的地形地貌，也加以人工整理，使其自然。在水体处理上，水体的轮廓为自然的曲线，水岸由各种自然曲线的倾斜坡度组成，驳岸多为自然山石驳岸，园林水景的类型以溪涧、河流、自然式瀑布、池沼、湖泊等为骨架。在建筑处理上，个体建筑、建筑群和大规模建筑组群多采用不对称均衡的布局，全园不以轴线控制，而以构成连续序列布局的主要导游线控制全园。在道路广场处理上，园中的空旷地和广场的外形轮廓为自然形状，封闭性的空旷草地和广场，以不对称的建筑群、土山、自然式的树丛和林带包围。道路平面和剖面为自然起伏曲折的平曲线和竖曲线。在种植设计上，反映自然界植物群落的自然错落之美。花卉布置以花丛、花群为主，树木配植以孤植树、树丛、树群、树林为主，不用规则修剪的绿篱、绿墙和模纹花坛。以自然的树丛、树群、林带来区划和组织园林空间，树木不作模拟的整形，园林中摆放的盆景除外。在园林小品上，多采用山石、假山、桩景、盆景、雕像为主要或次要景物。其中雕像基座为自然式，雕像多配置于透景线集中的焦点上。

总之，自然式园林的特点是没有明显的主轴线，其曲线无轨迹可循。园林空间变化多样，地形起伏变化复杂，山前山后自成空间，引人入胜；自然式园林追求自然，给人轻松亲切、意境深邃的感觉。我国古典园林中的颐和园、北海、承德避暑山庄、扬州个园、网师园以及新建园林中的杭州花港观鱼公园、广州越秀山公园等都是自然式园林。

（三）混合式园林

所谓混合式园林，主要指规则式、自然式交错组合，全园没有或形不成控制全园的主中轴线和副轴线，只有局部景区、建筑以中轴对称布局，或全园没有明显的自然山水骨架，形不成自然格局。一般情况，多结合地形，在原地形平坦处，根据总体规划需要安排规则式的布局。在原地形条件较复杂，具备起伏不平的丘陵、山谷、洼地等，结合地形规划成自然式。类似上述两种不同形式规划的组合即为混合式园林。

二、案例素材

（一）凡尔赛宫

17世纪后半叶，法王路易十三战胜各个封建诸侯统一了法兰西全国，并且远征欧洲大陆。到路易十四时（1661—1715年）建立起君主专治的联邦国家。法国成了生产和贸易大国，开始有了与英国争夺世界霸权的能力，此时法兰西帝国处于极盛时期。路易十四为了表示他至尊无上的权威，建立了凡尔赛宫苑。凡尔赛宫苑是西方造园史上最为光辉的成就，由勒诺特大师设计建造，勒诺特是一位富有广泛绘画和园林艺术知识的建筑师。

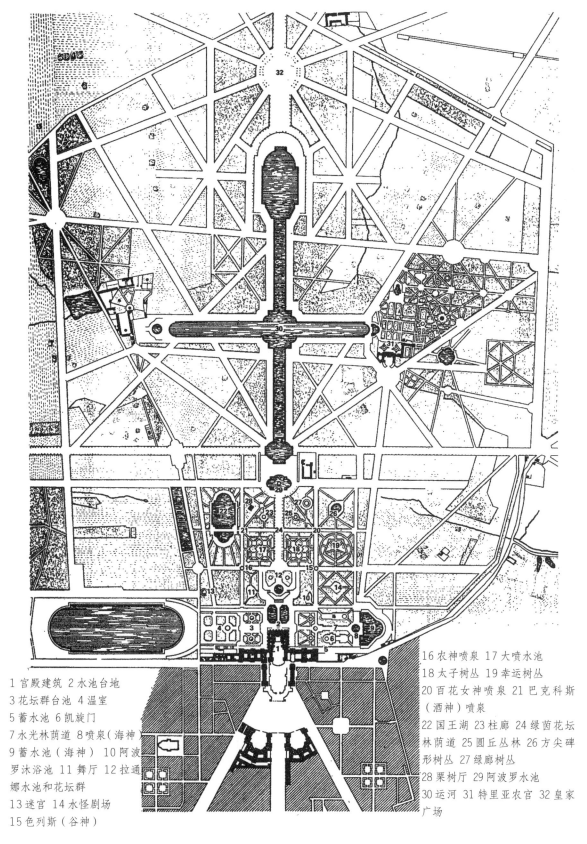

1 宫殿建筑 2 水池台地
3 花坛群台池 4 温室
5 蓄水池 6 凯旋门
7 水光林荫道 8 喷泉（海神
9 蓄水池（海神）10 阿波
罗沐浴池 11 舞厅 12 拉通
娜水池和花坛群
13 迷宫 14 水怪剧场
15 色列斯（谷神）

16 农神喷泉 17 大喷水池
18 太子树丛 19 幸运树丛
20 百花女神喷泉 21 巴克科斯
（酒神）喷泉
22 国王湖 23 柱廊 24 绿茵花坛
林荫道 25 圆丘丛林 26 方尖碑
形树丛 27 绿廊树丛
28 栗树厅 29 阿波罗水池
30 运河 31 特里亚农宫 32 皇家
广场

图1-5 凡尔赛宫平面图（引自《园林设计》）

凡尔赛原是路易十三的狩猎场，只有一座三合院式砖砌猎庄，在巴黎西南。1661 年路易十四决定在此建宫苑，并有意保留原三合院式猎庄作为全宫区的中心，将墙面改为大理石，称"大理石院"，勒沃在其南、西、北扩建，延长南北两翼，成为御院，御院前建辅助房、铁栅，为前院，前院之前建为扇形练兵广场，广场上筑三条放射形大道。1678—1688 年，孟萨设计凡尔赛宫南北两翼，总长度达 402 米。南翼为王子、亲王住处，北翼为中央政府办公处、教堂、剧院等。宫内有联列厅，很宽阔，有大理石大楼梯、壁画与各种雕像。中央西南为宫中主大厅（称镜廊），宫西为勒诺特设计、建造的花园，面积约 6.7 平方千米，园分南、北、中三部分。南、北两部分都为绣花式花坛，再南为橘园、人工湖；北面花坛由密林包围，景色幽雅，有一条林荫路向北穿过密林，尽头为大水池、海神喷泉，园中央开一对水池。3 千米的中轴向西穿过林园，达小林园、大林园（合称十二丛林）。穿小林园的称王家大道，中央设草地，两侧排雕刻。道东为池，池内立阿波罗母亲塑像；道西端池内立阿波罗驾车冲出水面的塑像，两组塑像象征路易十四"太阳王"与表明王家大道歌颂太阳神的主题。中轴线进入大林园后与大运河相接，大运河为"十"字形，两条水渠成十字相交构成，纵长 1500 米，横长 1013 米，宽为 120 米，使空间具有更为开阔的意境。大运河南端为动物园，北端为特里阿农殿。因由勒诺特设计、建造，故称此园为勒诺特园林艺术，为欧洲造园的典范。

图 1-6　凡尔赛宫鸟瞰图（来自重庆风景园林网）
http://www.cqla.cn/chinese/news/news_view.asp?id=41884

（二）北海公园

北海公园位于北京城的中心区，主要由北海湖和琼华岛所组成。面积68公顷，其中水面约39公顷，陆地为29公顷。这里原是辽、金、元、明、清五个封建王朝的皇家"禁苑"，已有上千年历史。琼华岛位于北海公园太液池的南部，临水而立，挺拔秀丽，为全园的主体，山顶白塔耸立，南面永安寺院依山势排列，直达山麓岸边的牌坊，一桥横跨，与团城的承光殿气势连贯。永安寺白塔始建成于1651年，塔高35.9米，塔基为砖石须弥座，座上有三层圆台，白塔下有"藏井"。团城位于北海公园南门西侧，处于故宫、景山、中南海、北海之间，四周风光如画，苍松翠柏。碧瓦朱亘的建筑，构成了北京市内最优美的风景区。

山下为傍水环岛而建的半圆形游廊，东接倚晴楼，西连分凉阁，曲折巧妙而饶有意趣。北海公园的主要景点由三部分组成。南部以团城为主要景区，中部以琼华岛上的永安寺、白塔、悦心殿等为主要景点，北部则以五龙亭、小西天、静心斋为重点。

图1-7　琼华岛及半圆形游廊（引自百度图片）

图1-8　五龙亭（蔡娟拍摄）

图1-9　小西天（蔡娟拍摄）

（三）扬州个园

个园位于扬州古城东北隅，面积 0.45 公顷，始建于清代，是中国四大名园之一。个园由两淮盐业商总黄至筠于清嘉庆二十三年（公元 1818 年）在原明代"寿芝园"的基础上拓建为住宅园林。个园因园主生性爱竹，遍植青竹而得名，以春夏秋冬四季假山而胜。

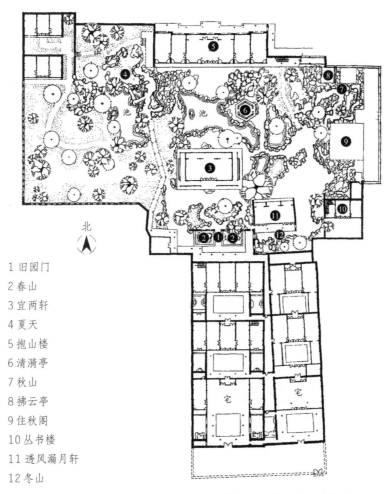

1 旧园门
2 春山
3 宜两轩
4 夏天
5 抱山楼
6 清漪亭
7 秋山
8 拂云亭
9 住秋阁
10 丛书楼
11 透风漏月轩
12 冬山

图 1-10 个园平面图（引自《中国古典园林之旅》）

个园全园分为中部花园、南部住宅、北部品种竹观赏区。个园中最大的特色是"四季假山"的构思与建筑，四个形态逼真的假山，分别命以春、夏、秋、冬之称。整个园子以宜雨轩为中心，游人沿着顺势的方向，可尽览四季秀景。从用石极奇的角度上讲，个园采用了不同质料的石料，体现不同的季节，以竹石为主体，以分峰用石为特色。春季假山将竹竿植于青砖内，石笋相伴其间，背景为粉墙漏窗，春雨润大地，遥竹报春讯，以示"雨后春笋"之意，以此象征春天。夏季假山以湖石构成，山内洞府森森，山前水池渺渺，石板驾于矶岛之间，西北角山顶立一鹤亭，四方平面，攒尖屋顶。临亭俯视，见池中桥南立一鱼脊形太湖石，高一丈有余，以此征盛夏的江南景色。秋季假山以黄石突出秋天的色彩，烘托秋天群山的挺拔，同时山内洞穴与石室相通，

图1-11　夏季假山（来自去哪网，river2014大河）　　　图1-12　秋季假山（来源古建中国）

洞内左通右达，引得穿山之风，营造秋高气爽、风过凉生的景色。冬季假山用安徽省宣城的宣石堆成，宣石略带黑斑，层叠平铺如冬雪之态，突出冬日里积雪未化的寒冷感觉。同时，地面铺以槟榔纹图案，石前种植蜡梅数珠，天竺数珠，最妙处为北墙上下四排24个音洞，风来传响，令人不寒而栗。

三、理论思考、实训操作及价值感悟

1. 园林布局形式及其特征是什么？
2. 不同园林布局形式中，各园林设计要素的设计要点是什么？
3. 园林布局形式与功能之间的关系是什么？
4. 选取一个园林案例，能够从园林现状、功能需求、文化影响等多方面对其园林布局形式进行分析。
5. 好的设计，离不开匠人精益求精的精神，分析扬州个园中匠人精神的体现有哪些。

● 第三节　中国园林类型

一、理论要点

中国园林经历朝历代的发展不断得以完善，每个时期的园林特色都各不相同，长期以来也就形成了自己独特的艺术风格，与此同时也就产生了具有明显差别的园林类型。自古以来园林的各种类型风格明确，按照不同的划分依据我们可以做如下划分。

（一）按隶属关系或使用者的不同划分

1. 皇家园林

皇家园林，也有宫苑、御苑等之称，归皇帝和皇室所有，是皇家生活环境的一个组成部分，亦是中国古代园林中一个极为重要的组成部分。皇家园林中有些是供帝王休息、游玩之用的离宫别院，还有的则有处理政务的功能。

皇家园林，从来都渗透着帝王尊严的政治内容，处处体现出封建统治阶级皇权至尊的思想和理论，因此其建筑风格和园林规划都以凸显皇家气派为主，通常规模浩大、面积广阔、庄重严谨、富丽堂皇。为充分体现皇家气息和风范，皇家园林往往凌驾于自然之上而不惜耗费大量的财力物力，由能工巧匠营建而成，建筑采用重檐并以红黄为主色调，虽园内亦采用真山真水的自然风貌，但自然之美仅居于次要的地位。

皇家园林在布局形式上更为讲究，其建筑群必定是坐北朝南，以中轴线为准两侧呈对称布置较多，一般以主体建筑作为全园的构图中心，而其他建筑则居于从属地位；另外还常将有代表性的宅第、寺庙、各类名胜集中于园林之中进行再现。总之，无论在布局规划，还是意境创造上，都处处体现出皇家风范。

北京的颐和园、圆明园、静宜园、静明园、北海、中南海以及承德的避暑山庄等都是中国著名的皇家园林。

2. 私家园林

私家园林也称宅地园，属于除皇帝外的王公官吏、贵族、地主、富商大贾以及士大夫等所私有，古籍中称之为园、园亭、园墅、池馆、山池、山庄、别墅、别业、草堂等。

由于受到古代封建礼法的约束，私家园林主要有以下几个特点：

①私家园林的规模较小，一般只有几亩至十几亩，小者仅一亩半亩。因占地面积较小而很难将自然山水圈入园内，但在这有限的空间范围中通过各种手法却创造出了无限的山水意境和诗情画意，这便做到了"小中见大，以少胜多"。

②私家园林大多由文人、画家设计建造，园主也多是文人学士出身，由于受当时隐逸思想的影响，园林风格以清高、朴素、淡雅、脱俗为最高追求，蕴含着浓郁的诗情画意文人气息。

③私家园林主要是为满足个人需求和家庭需要而建造的，一般以修身养性和游览自娱为主要功能。

④私家园林常用墙、漏窗、走廊等划分空间，又用多条曲折的园路联系起来。布局上多取内向式，一般以厅堂为园中主体建筑，建筑本身小巧玲珑，色彩淡雅素净，以黑白为主色调。

⑤园内景观的布局不拘泥于对称而是灵活多样，大多以水面为中心，用桥、岛等将水面相互连接、相互渗透，而四周散布的房屋、花木、假山等融为一个整体，形成一个个完整的景点。

⑥园内植物以常绿阔叶树为主，落叶树为辅。

纵然以上是私家园林的共有特征，但因所处地域和修建园主身份的不同，也使得私家园林具有各自不同的风格。

3. 寺观园林

寺观园林，在中国古代园林中也占有一定分量。最早的寺观园林是由南北朝时期的贵族"舍宅为寺"转化来的。

寺观园林即佛寺、道观、坛庙、祠堂的附属园林及历史名人的纪念性祠庙园林。它不仅包括寺观建筑本身，还包括寺观内部庭院和外围地段的园林化自然环境。

寺观园林的宗教色彩极为浓重。儒家、道教、佛教是中国传统文化的三大支柱，其中只有佛教、道教能形成自身的寺庙园林。皇家园林更多的是同儒家文化联系在一起；风景名胜所追求的自然天成则更多地与道教文化联系在一起；佛寺却兼有两者，建筑部分与儒家文化相联系，园林部分与道教文化相联系。

寺观园林大致可以分为三种类型：一是将城市中的寺观本身作为园林进行布置，形成以寺观为主体的园林；二是在城市寺观旁附设园林，即在寺观外围对风景优美的自然景观加以创造和围合；三是在风景优美的环境中建造，甚至是山奇水秀的名山胜境，如峨眉山、普陀山等。

寺观园林的特点主要有以下五条：

①寺观园林因其公共性、开放性，以此具有公共游览的性质，这是由宗教的性质所决定的。

②寺观园林具有一定的稳定性，它可以较少地受到战争破坏，也很少会因政治动荡而毁弃，因此可以长久留传。

③寺观园林的选址有较强的适应性、天然性，大多选择自然环境优越的名山大川，特殊的景观能够使多数寺观园林具有突出优势，因势制胜。

④寺观园林内部极其讲究庭院绿化，不仅规划合理且种植植物种类丰富，多种植或栽培当地及外地名贵的花草树木。

⑤寺观园林具有一定的神秘性，通过一系列音乐、烟雾、神像等元素的烘托可以创造出一种超脱尘俗的神仙境界。

（二）按园林地域不同的划分

1. 北方园林

北方园林大多集中于北京、洛阳、西安、开封等地，其中北京是北方造园活动的中心。

北方园林因广阔的地域和干燥的自然条件而显得较为粗犷，加之北方是皇权的聚焦地，因此在园林内部的规划布局上极为注重仪典性、震慑性的表现。以中轴线、对景线运用较多，建筑及景观则以中轴线为准对称布置，其建筑形式封闭、厚重，形象稳重、敦实，色调单纯、华丽，更赋予北方园林严谨、凝重、规则的格调和富丽、典雅、堂皇的气度。

2. 江南园林

江南园林大多集中于苏州、杭州、扬州、南京、上海、无锡等地，其中以苏州为代表，如拙政园、留园、网师园、沧浪亭等。

江南地区自然条件优越，因此江南园林多为以开池筑山为主的自然式风景山水园林，加之受诗文绘画的影响，便逐渐形成了淡雅朴素、细腻精美的风格。建筑在园内所占比重较大，形态轻盈，建筑本身室内外空间通透敞亮，大量利用工艺精湛的砖雕、木雕、漏窗、洞门等，灰砖青瓦，这也是江南园林的代表形象。

3. 岭南园林

岭南园林分布于广东、福建、中国台湾等地区，广东顺德的清晖园、东莞的可园、番禺的余荫山房以及佛山的梁园可视为岭南园林的代表作品。岭南园林为岭南一带的富贾大商所建，规模较小且多数为宅园，因地处亚热带而具有热带风光，观赏植物品种多样且终年常青。

岭南园林具有开放性、兼容性和多元性，既有北方园林的富丽和华贵，也有江南园林的质朴和素雅，同时还吸收运用了西方的造园手法，因而形成了轻巧明快的风格。在园林布局、空间组织、建筑等方面岭南园林也有自己的特色，就建筑而言，常以青灰色砖瓦为主要建筑材料，看起来质朴淡雅。

4. 巴蜀园林

巴蜀园林主要分布在四川，其中以名人纪念性园林居多，如杜甫草堂、望江楼等。因大多与文人有关，因此蕴含着极其浓郁的文化气息，更便于与游人亲近。

二、案例素材

（一）故宫

北京故宫是中国明清两代的皇家宫殿，旧称为紫禁城，位于北京中轴线的中心，是中国古代宫廷建筑之精华。北京故宫以三大殿为中心，南北长961米，东西宽753米，占地面积72万平方米，建筑面积约15万平方米，有大小宫殿七十多座，房屋九千余间，是世界上现存规模最大、保存最为完整的木质结构古建筑之一。

故宫采用规则式布局形式，一条中轴贯通整个故宫，这条中轴又在北京城的中轴线上。三大殿、后三宫、御花园都位于这条中轴线上。在中轴宫殿两旁，还对称分布着许多殿宇。这些建筑依据其布局与功用分为"外朝"与"内廷"两大部分。"外朝"与"内廷"以乾清门为界，

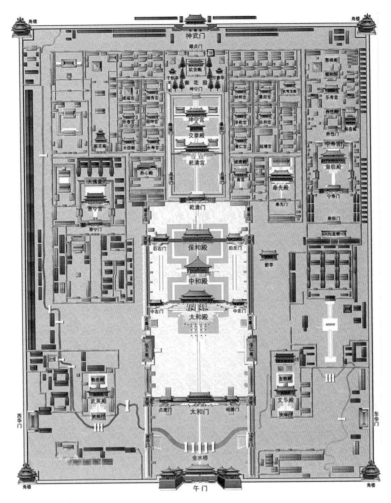

图 1-13　故宫布局图（来自定鼎网：丁一）

乾清门以南为外朝，以北为内廷。外朝以太和、中和、保和三大殿为中心，是皇帝举行朝会的地方，也称为"前朝"，是封建皇帝行使权力、举行盛典的地方。此外，两翼东有文华殿、文渊阁、上驷院、南三所；西有武英殿、内务府等建筑。内廷以乾清宫、交泰殿、坤宁宫后三宫为中心，两翼为养心殿，东、西六宫，斋宫，毓庆宫，后有御花园，布局严谨有序，是封建帝王与后妃居住之所。故宫外朝、内廷的建筑气氛迥然不同。故宫的四个城角都有精巧玲珑的角楼，建造精巧美观。

太和殿面阔 11 间，进深 5 间，长 64 米，宽 37 米，建筑面积 2377.00 平方米，高 26.92 米，连同台基通高 35.05 米，是故宫内体量最大、等级最高的建筑物。殿前有宽阔的平台，称为丹陛，俗称月台。其建筑形式为重檐庑殿顶，屋脊两端安有高 3.40 米、重约 4300 千克的大吻，岔脊上装饰有镇瓦兽 10 个。这在中国汉族宫殿建筑史上是独一无二的。

中和殿位于太和殿、保和殿之间，是皇帝去太和殿参加大典之前休息，并接受执事官员朝拜的地方。中和殿平面呈正方形，四面开门，面阔、进深各为 3 间，四面出廊，金砖铺地，建筑面积 580 平方米。屋顶为单檐四角攒尖，屋面覆黄色琉璃瓦，中为铜胎鎏金宝顶。

保和殿面阔 9 间，进深 5 间（含前廊 1 间），建筑面积 1200 平方米，高 29.50 米。屋顶为重檐歇山顶，上覆黄色琉璃瓦，上下檐角均安放 9 个小兽。上檐为单翘重昂七踩斗栱，下檐为重昂五踩斗栱。

御花园位于故宫中轴线的最后，从建筑到山水都显示出明代的规制。基地呈长方形，南北纵 80 米，东西宽 140 米，占地面积 12000 平方米。全园体现了皇家园林轴线与对称的特点，轴线上布置有承光门、钦安殿、天一门、大甬道。园内建筑采取了中轴对称的布局。中路是一个以面阔 5 间、进深 3 间、重檐盝顶、上安镏金宝瓶的钦安殿为主体建筑的院落。东西两路建筑基本对称，东路建筑有堆秀山御景亭、璃藻堂、浮碧亭、万春亭、绛雪轩；西路建筑有延晖阁、位育斋、澄瑞亭、千秋亭、养性斋，还有四神祠、井亭、鹿园等。

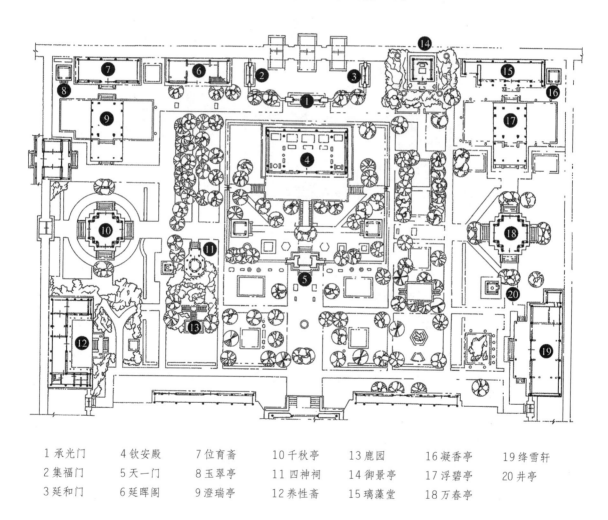

1 承光门	4 钦安殿	7 位育斋	10 千秋亭	13 鹿园	16 凝香亭	19 绛雪轩
2 集福门	5 天一门	8 玉翠亭	11 四神祠	14 御景亭	17 浮碧亭	20 井亭
3 延和门	6 延晖阁	9 澄瑞亭	12 养性斋	15 璃藻堂	18 万春亭	

图 1-14　御花园平面图（引自《中国古典园林之旅》）

（二）沧浪亭

沧浪亭位于苏州城南三元坊，是现存历史最为悠久的江南园林，与狮子林、拙政园、留园并称为苏州宋、元、明、清四大园林，代表着宋朝的艺术风格。沧浪亭占地面积 1.08 公顷，主要景区以山林为核心，一面临河，临水山石嶙峋，复廊蜿蜒如带，廊中的漏窗把园林内外山水融为一体。未进园而见园景，是沧浪亭与众不同之处。

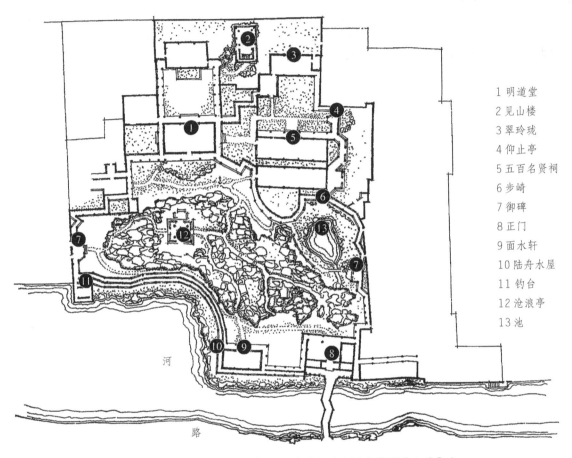

1 明道堂
2 见山楼
3 翠玲珑
4 仰止亭
5 五百名贤祠
6 步崎
7 御碑
8 正门
9 面水轩
10 陆舟水屋
11 钓台
12 沧浪亭
13 池

图 1-15　沧浪亭平面布局图（引自《中国古典园林之旅》）

著名的沧浪亭即隐藏在山顶上，用石构成，四柱歇山，内为轩式卷棚顶，结构古雅，翼角塑有松鼠、蝙蝠、蟠桃等雕饰，柱上刻匾额长联"清风明月本无价，近水远山皆有情"。上联选自欧阳修的《沧浪亭》诗中"清风明月本无价，可惜只卖四万钱"句，下联出于苏舜钦《过苏州》诗中"绿杨白鹭俱自得，近水远山皆有情"句。

沧浪亭佳妙处一为古亭，二为借景，三为漏窗门洞。全园漏窗共 108 式，图案花纹变化多端，有梅花形、法轮式、宝瓶式、海棠式等，无一雷同，构作精巧，环山就有 59 个，在苏州古典水宅园中独树一帜。门洞有圆形、双耳瓶、葫芦形，以门框收取院中芭蕉峰石。

图 1-16　沧浪亭（引自百度图片）

图 1-17　园东曲廊及漏窗（引自百度图片）

（三）余荫山房

余荫山房位于广东省广州市番禺区南村镇，为清代举人邬彬的私家花园，始建于清代同治三年（公元 1864 年），距今已有 150 多年历史。园占地面积 1598 平方米，以小巧玲珑、布局精细的艺术特色著称，是岭南古典园林中保存最完整的一座。

余荫山房的布局十分巧妙，几何形的布局形式是其重要的特点之一。园林的轴线十分明显，中轴线中布置了两池一桥一榭。园景可分为东、西两半部，西半部以长方形石砌荷池为中心，池南有造型简洁的临池别馆；池北为主厅深柳堂。堂前庭院两侧有两棵苍劲的炮仗花古藤，花儿怒放时宛若一片红雨，十分绚丽。深柳堂是园中主体建筑，有较深的前檐廊。在做法上，深

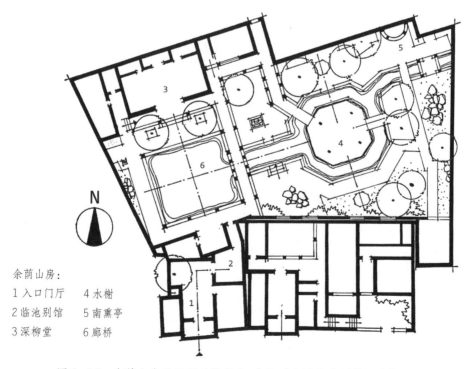

余荫山房：
1 入口门厅　4 水榭
2 临池别馆　5 南熏亭
3 深柳堂　　6 廊桥

图 1-18　余荫山房平面图（张献丰 仿绘《中国古典园林之旅》）

柳堂极尽奢华之事，有透雕门窗、隔断、玻璃窗花、扇面窗花、书画联题等，是装饰艺术与文物精华所在，堂前两壁满洲窗古色古香。隔莲池相望，与"临池别馆"呼应，夏日凭栏，风送荷香，令人欲醉。池中立有玲珑水榭，水榭木质，平面呈八角形，以体现"八面玲珑"之意。与水池面积相比，玲珑水榭尺度略大，只留下一米多宽的水面，连一点视距也不留，但内部空间相当的大方实用，这是岭南园林在实用与美观相矛盾时，常去美观而取实用的趋势。这是务实精神的表现，岭南人把这种观点升华为实用美学。

余荫山房以"藏而不露"和"缩龙成寸"的手法，将画馆楼台、轩榭山石亭桥尽纳于三亩之地，布成咫尺山林，造成园中有园、景中有景、幽深广阔的绝妙佳境，充分反映了天人合一的汉民族文化特色，表现一种人与自然的和谐统一的宇宙观。

装饰上，余荫山房最有特色的是艳丽的泥塑，这是其另一重要特色。无论门头、窗楣、屋脊、花坛、山墙都用了泥塑，而且色彩搭配喜欢用红、黄、绿三原色，在青砖墙的基调里特别明显。

（四）杜甫草堂

杜甫草堂，又称浣花草堂、工部草堂、少陵草堂，位于四川省成都市西门外的浣花溪畔，是唐代诗人杜甫（712—770 年）流寓之所，占地 24 公顷。草堂屡次经历战火，现有的建筑大都为明弘治十三年（1500 年）和清嘉庆十六年（1811 年）所兴建。1955 年成立杜甫纪念馆。

杜甫草堂是非常独特的"混合式"中国古典园林。园区分为建筑与园林两部分。建筑部分，

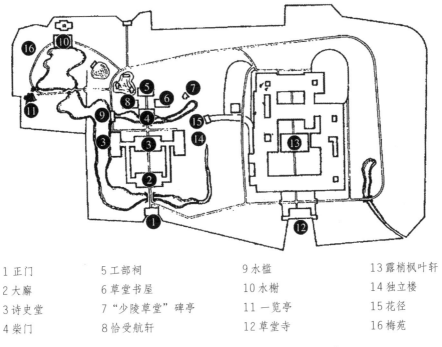

1 正门	5 工部祠	9 水槛	13 露梢枫叶轩
2 大廨	6 草堂书屋	10 水榭	14 独立楼
3 诗史堂	7 "少陵草堂"碑亭	11 一览亭	15 花径
4 柴门	8 恰受航轩	12 草堂寺	16 梅苑

图 1-19　杜甫草堂平面图（引自《川蜀园林》）

草堂旧址内，照壁、正门、大廨、诗史堂、柴门、工部祠排列在一条中轴线上，两旁配以对称的回廊与其他附属建筑，其间有流水萦回，小桥勾连，竹树掩映，显得既庄严肃穆、古朴典雅而又幽深静谧、秀丽清朗。园林部分以水池溪流为中心，一座曲桥东西横陈，锁住水口，桥西梅花盛开，称梅苑。梅苑南建一亭，名一览亭，概以览梅为主。寻溪北行，有一池，池北面南建水榭。榭面阔三间，四面通透，屋顶硬山平脊，朴实无华。

（五）寒山寺

寒山寺，位于江苏省苏州市，约1.3万平方米，始于佛教盛行之梁天监年间，唐贞观中寒山曾至此而得名。寒山寺中的主要景点有大雄宝殿、藏经楼、钟楼、碑文《枫桥夜泊》、枫江第一楼。寒山寺的建筑布局没有严格的中轴线，并不追求左右均衡，照墙和山门基本是一线相承，后边的大雄宝殿、藏经楼，并不在一条中轴线上；新建的普明塔院，则按南北向中轴线布局。寺中处处皆院，错落相通。寺内古迹甚多，有张继诗的石刻碑文，寒山、拾得的石刻像，文徵明、唐寅所书碑文残片等。

寒山寺，山门前有黄墙照壁耸立，寺门上匾额"古寒山寺"。过林荫小院，正中为大雄宝殿，内供释迦牟尼像，佛座两边和后壁有寒山子诗三十六首，还有清代扬州八怪之一的罗聘及郑文

1 照壁　2 天王殿　3 前院　4 素斋馆　5 常乐池　6 枫江楼　7 碑廊　8 弘法堂　9 钟房　10 大悲殿　11 罗汉堂
12 大雄宝殿　13 钟楼　14 闻钟亭　15 佛学院　16 斋堂　17 客堂　18 寒拾殿　19 碑廊　20 寒拾亭　21 法堂
22 普明宝塔　23 寒山丈室　24 观音峰　25 游客中心

图 1-20　寒山寺导游图（张献丰绘制）

焯所绘的寒山、拾得和丰干的写意画像石刻，大殿右侧的偏殿内，在硕大的莲花盘座上供有寒山、拾得的塑像。

雄宝殿东西两侧的偏殿之内，供有用香樟木雕刻的小型金身五百罗汉像，造型古朴、生动自然。大殿后为藏经楼，环壁嵌有宋代张樗之书《金刚经》石刻，为传世珍品。藏经楼两侧有长廊，左折上方台内嵌有明清题咏寒山寺的诗文石刻，又通向钟楼。

（六）灵隐寺

灵隐寺，又名云林寺，位于浙江省杭州市，背靠北高峰，面朝飞来峰，始建于东晋咸和元年（326年），占地面积约87000平方米。灵隐寺开山祖师为西印度僧人慧理和尚。南朝梁武帝赐田并扩建。五代吴越王钱镠命请永明延寿大师重兴开拓，并赐名灵隐新寺。宋宁宗嘉定年间，灵隐寺被誉为江南禅宗"五山"之一。清顺治年间，禅宗巨匠具德和尚住持灵隐，筹资重建，仅建殿堂时间就前后历十八年之久，其规模之宏伟跃居"东南之冠"。清康熙二十八年（1689年），康熙帝南巡时，赐名"云林禅寺"。

灵隐寺主要以天王殿、大雄宝殿、药师殿、法堂、华严殿为中轴线，总体规划是沿中轴线形成五层格局：天王殿—大雄宝殿—药师殿—藏经楼（下设法堂）—华严殿。同时向两翼布局，先后建成线刻五百罗汉堂、道济殿（现称济公殿）、客堂（六和堂）、祖堂、大悲阁、龙宫海藏（藏品陈列）；并于原罗汉堂遗址重建五百罗汉堂，占地面积约87000平方米。此外，每进殿堂建有宽敞平台，美化古刹环境。先后建成了大型《心经》壁、百狮群雕等，并于五百罗汉堂西北建冽泉，借假山叠石形成自然瀑布流入阿耨达池，池边建有"具德亭"，以纪念清初具德中兴灵隐之功。

图 1-21　灵隐寺石雕（自拍）

三、理论思考、实训操作及价值感悟

1. 中国园林的类型及其特征是什么？

2. 中国传统文化对不同园林类型有什么影响？

3. 园林布局形式与园林类型之间的关系是什么？

4. 请比较不同地域私家园林之间的异同，并说出其原因。

5. 中国古典私家园林深受诗文绘画影响，从文化角度谈谈沧浪亭的设计内涵。

| 第二章 | 园林艺术构图法则

学法指导

学习目标

1.知识目标

（1）能够说出园林艺术构图法则有哪些。

（2）能够阐述园林艺术构图法则的理论要点及其在园林艺术构图中的具体应用。

2.能力目标

（1）能够分析出案例中运用的园林艺术构图法则。

（2）能够运用园林艺术构图法则指导园林设计创作。

3.情意目标

能够感受欣赏园林之美，有追求美好生活的意识。

学习重点

1.园林艺术构图法则的理论要点。

2.园林艺术构图法则在案例素材中的体现。

情意培养

感受并自主拍摄园林艺术美景，从园林艺术构图的角度分析选取拍摄的原因。

第一节 对比与调和

一、理论要点

园林的各实体或要素之间存在着差异。显著的差异就构成了对比。对比可以借助互相衬托陪衬求得变化，主要通过各设计元素之间色调、色彩、色相、形状、体量、线条、方向、数量、开合、质感、虚实、明暗、动静等多方面的对立因素来实现。调和是把比较类同的要素组合在一起，园林设计中常采用两种表现形式：一是自身的和谐，通过整齐的图形、有序的排列、统一的表现技法、和谐的色彩来创造美感；另一种形式是在对比中求和谐。

没有对比会产生单调，而过多的对比又会造成杂乱，只有把对比与调和巧妙地结合起来，才能达到既有变化又协调一致的效果。在园林设计中，对比与调和是相互依存、相互补充的统一体，实际上要做到整体调和、局部对比。

拙政园中部香洲后部的楼阁与亭以竖向的造型同水平方向的舢板、水面产生强烈的对比，打破了环境的单调与乏味。舢板上的竖向栏杆与水面周边的树木，则以其竖向的线形与亭楼造型得到调和，使三种建筑造型产生协调、活泼、生动、个性鲜明的景观效果。

图 2-1　拙政园香洲（自拍）

图 2-2　苏州博物馆（自拍）

图 2-3　置汇旭辉广场生态艺术公园（摄影：景观邦摄影工作室）

图 2-4　云间传奇（来自朗道国际设计）

三、理论思考、实训操作及价值感悟

1. 对比与调和原则包括哪些方面？

2. 列举几个景观中对比与调和的案例，分析案例作品是如何运用对比与调和原则的。

3. 运用对比与调和的原则，完成几个局部景观设计。

4. 自主拍摄园林艺术美景，从园林艺术构图的角度分析选取拍摄的原因。

● 第二节 统一与变化

一、理论要点

园林艺术应用统一的原则是指园林中的组成部分，它们的体形、体量、色彩、线条、形式、风格等，要求有一定程度的相似性或一致性，给人以统一的感觉。由于一致性的程度不同，引起统一感的强弱也不同。十分相似的一些园林组成部分即产生整齐、庄严、肃穆的感觉，但过分一致又觉呆板、郁闷、单调，所以园林中常要求统一当中有变化，或是变化当中有统一，也就是许多艺术中常提到的"多样统一"的原则。

二、案例素材

中国古典建筑均按照一定的法式建造。木结构、琉璃瓦、油漆彩画等，均表现出传统的民族形式，但各种亭、台、楼、阁的体形、体量、功能等却有十分丰富的变化。给人的感觉是既

图 2-5 颐和园谐趣园（ZOL 论坛：长河）

图 2-6 扬州瘦西湖的五亭桥（新浪博客：啸尘）

图 2-7 白石羌寨（自拍）

图 2-8 西湖铺地（自拍）

多样又有形式的统一感。

扬州瘦西湖五亭桥采用五个体量、大小、形状都有一些变化的园林建筑，使其在变化中求得统一，整个景观给人以活泼、自然、和谐的美感。

三、理论思考与实训操作

1. 统一与变化原则包括哪些方面？
2. 运用统一与变化的原则，完成几个局部景观设计。
3. 找出几个景观案例，分析案例作品是如何运用统一与变化原则的。

● 第三节　节奏与韵律

一、理论要点

节奏是以统一为主的强烈复杂的变化，当形、线、色、块整齐而条理的同时又重复地出现，或富有变化地排列组合时，就可以获得节奏感；韵律是以变化为主的多样统一，是有规律的变化，它能带来积极的生气。节奏是基础，韵律是深化。在园林设计中，常见的有简单韵律（由同种因素等距反复出现、并固定方向的连续构图）、交替韵律（由两三种组成因素，按固定组合，有规律的连续构图）、渐变韵律（在反复出现的连续构图中，在某一方面作规律性的减少或增加，如由大到小、由高到低、由疏到密等）、微变韵律（是在反复出现的连续构图中，每一因素既保持各组成因素的共性，又有自己的个性表现，达到在统一中求变化的艺术效果）、起伏曲折韵律（每种要素本身要有起伏曲折变化，又要有整体景观的起伏曲折的韵律）、拟态韵律（既有相同因素又有不同因素反复出现的连续构图）等。

二、案例素材

图 2-9　日本东京浅草寺（蔡娟拍摄）

图 2-10　巴黎索镇公园（蔡娟拍摄）

图 2-11　辛辛那提斯梅尔滨河公园（来自 mooool）

图 2-12　闵行体育公园（自拍）

三、理论思考与实训操作

1. 节奏与韵律原则包括哪些方面？

2. 列举几个景观中节奏与韵律的案例，分析案例作品是如何运用节奏与韵律原则的。

3. 运用节奏与韵律的原则，完成几个局部景观设计。

第四节　比例与尺度

一、理论要点

　　比例主要表现为整体或部分之间的长短、高低、宽窄等关系。换言之，也就是部分对全体在尺度之间的调和。早在古希腊就已被发现的黄金分割率比1：1.618，被认为是美的比例关系。园林中的比例既有景物本身各部分之间长、宽、高的比例关系，又有景物与景物、景物与整体之间的比例关系，这两种关系并不一定用数字来表示，而是属于人们在感觉上、经验上的审美概念。尺度则涉及具体尺寸。一般说的尺度不是指真实尺寸大小，而是给人们感觉上的大小印象同真实大小之间的关系。在正常比例情况下，大尺度给人以雄伟壮观之感；正常尺度使人感到自然亲切；小尺度则小巧玲珑，富于情趣。另外，在园林中常用到夸张尺度，将景物放大或缩小，以达到造园意图或满足造景的需要。

二、案例素材

图2-13　安徽宏村小桥（张献丰拍摄）

图2-14　北海公园（蔡娟拍摄）

图2-15　埃菲尔铁塔（蔡娟拍摄）

图2-16　法国香波堡（蔡娟拍摄）

三、理论思考与实训操作

1. 比例与尺度原则包括哪些方面？
2. 列举几个景观中比例与尺度的案例，分析案例作品是如何运用比例与尺度原则的。
3. 运用比例与尺度的原则，完成几个局部景观设计。

● 第五节　稳定与均衡

一、理论要点

　　自然界的物体由于受到地心引力的作用，为了维持自身的稳定，靠近地面的部分往往要大而重，远离地面的部分则小而轻。园林中的稳定，是就园林布局的整体上下轻重的关系而言。当然，为了特别的效果也可以打破传统的手法，创造不一样的感觉，如中国假山石处理上常背其道而行之，上大下小。赖特的流水别墅也是杰出的例子。而均衡是指园林布局中的部分与部分的相对关系。均衡分为对称均衡和不对称均衡。在国内外传统园林中，都喜欢用对称式的建筑物、水体或栽植植物，以形成中轴线，保持稳定、均衡、庄重。在特殊的场地或环境影响下，仍然需要保持稳定的格局，用拟对称的手法，在数量、质量、轻重、浓淡方面产生呼应，达到活而不乱、庄重中有变化的效果。稳定与均衡分为：对称式稳定与均衡和不对称式稳定与均衡。

二、案例素材

图 2-17　绩溪博物馆（来自禅意网）　　　　图 2-18　俄罗斯滴血大教堂（蔡娟拍摄）

图2-19　安徽宏村（张献丰拍摄）　　　　　　图2-20　法国香波堡（蔡娟拍摄）

三、理论思考与实训操作

1.稳定与均衡原则包括哪些方面？

2.列举几个景观中稳定与均衡的案例，分析案例作品是如何运用稳定与均衡原则的。

3.运用稳定与均衡的原则，完成几个局部景观设计。

● 第六节　重点与一般

一、理论要点

重点与一般就是主与从的关系。在园林中缺乏了视线的集中点，失去了重点与核心，就会产生平淡、寡味、松散之感。园林同绘画、音乐、戏曲一样都要有主题，有重点。

二、案例素材

图2-21 法国香波堡（蔡娟拍摄）

图2-22 瑞士（蔡娟拍摄）

图2-23 哈尔滨太阳岛（自拍）

图2-24 哈尔滨太阳岛（自拍）

三、理论思考与实训操作

1. 重点与一般原则包括哪些方面？

2. 列举几个景观中重点与一般的案例，分析案例作品是如何运用重点与一般原则的。

3. 运用重点与一般的原则，完成几个局部景观设计。

● 第七节　层次与渗透

一、理论要点

　　层次可以理解为一张图画的构图，园林是可游的"画"。所谓"步移景异"，人动则画面就变。在纵深上讲"曲径通幽""柳暗花明"，就是要有间隔、段落、转折和空间的变化。渗透指景物与景物、空间与空间上的关联。园林中有层次渗透才能有幽深的感觉，才能产生无尽的幻觉。

二、案例素材

迈进中国美术学院象山校区，顿感青瓦白墙间，流露出书院般的古雅气息，而远离一步，房屋又与环境融为一体，如天作之合，空间层次的渗透与融合转换自如。

图 2-25　中国美术学院象山校区（杨金鹤拍摄）

三、理论思考、实训操作与价值感悟

1. 园林艺术构图法则有哪些？其要点是什么？

2. 园林艺术构图法则是如何贯穿方案设计的始终的？

3. 在中国古典园林中，建筑是如何做到多样统一的？

4. 运用园林艺术构图法则指导园林设计创作。

5. 自主拍摄园林艺术美景，从园林艺术构图的角度分析选取拍摄的原因。

| 第三章 |　　园林水景艺术

学习目标

1.知识目标

（1）能够阐述中国传统园林理水特点。

（2）能够阐述园林水景设计原则与方法。

（3）能够说出各类水景设计要点。

2.能力目标

（1）能够借鉴中国传统理水特点进行自然式水体设计。

（2）能够依据园林水景设计原则与方法，设计出科学合理的各种类型水景。

3.情意目标

（1）能够认同并内化团结互助的精神。

（2）能够在方案创作中，认同改革创新的时代精神。

学习重点

1.分析中国传统理水特点在案例素材中的具体体现，从实操层面掌握中国传统理水特点的理论内涵。

2.分析水景设计总原则及手法在案例素材中的体现。

3.依据园林水景设计原则与方法，进行不同类型水景设计。

4.创意水景设计。

情意培养

1.水的特性使其蕴含了丰富的哲学道理"上善若水""有容乃大"等，教化学生团结互助，与人为善。

2.从我国传统理水到现代水景设计到创意水景设计，感受设计者不断地开拓创新、积极进取精神。

第一节　中国传统理水特点

一、理论要点

（一）顺应自然、事半功倍

中国古典园林讲究虽由人作，宛若天开。因此，在水景设计中多以模仿江河湖泊等自然水景为主。在以人力为主施工的年代，开湖堆山是十分艰难的工作，因此，古人多结合自然情况，低处挖湖，高处堆山，以此达到事半功倍的效果。

（二）随曲合方、景以境出

水岸的设计并无定式，顺势而为，根据场地情况，可曲可直，以营造不同的景观效果。

（三）堆岛围堤、丰富层次

浩瀚的水面难免会给人空旷单调之感，观赏久之，索然无味。水面之上，岛与堤的出现，不仅可以将水面空间划分为不同大小的空间，丰富景观层次，且岛与堤亦可成为水中观赏美景。早在汉朝，我国就有了"一池三山"的造景手法。

（四）尺度宜人、比例适当

水面可以形成单独的空间，在这个空间之外往往还会有更大的陆地空间，还会有山体、建筑广场、树木相伴。山的高度、建筑的体量、广场的面积以及树木的规模，都要与水面的尺度、比例协调。或形成山高水远、四面云山；或形成回廊萦绕、一池碧水，亲近水的甜美的景象；或小桥流水、清流急湍。形成完整优美的景观要能将水的体态与周围的环境做到景象和谐。

小尺度的水面较亲切怡人，适合于宁静、不大的空间，如庭院、花园、城市小公共广场；尺度大的水面，适合于大面积自然风景区、城市公园和巨大的城市空间、大型广场。

（五）水有急缓、动静结合

水有动静、急缓之分，不同状态的水景往往给人以不同的心理感受。顺水游玩，时而体验其奔腾而下，时而体验其缓缓而流，时而体验其碧波荡漾，时而体验其明丽如镜，以营造不同的景观感受。

（六）主次分明、自成体系

水系要"疏水之去由，察水之来历"。水体要有大小、主次之分，并做到山水相连，相互掩映，"模山范水"，创造出大湖面、小水池、沼、潭、港、湾、滩、溪等不同的水体，并组织构成完整的体系。

（七）山水相依、崇尚自然

在园林诸要素中，以山、石与水的关系最为密切。中国传统园林的基本形式就是自然山水园。"一池三山""山水相依""背山面水""水随山转，山因水活"以及"溪水因山成曲折、山溪随地作低平"等都成为中国山水园的基本规律。

二、案例素材

（一）颐和园

颐和园原名清漪园，位于北京西北郊，始建于乾隆十五年，历经 11 年，是我国著名的皇家山水园林。占地 2.9 平方公里，全园由万寿山和昆明湖组成，水面占据全园的四分之三。

北京颐和园的水面是自然天成，辅以人工。两千多年前，附近的泉水汇于翁山前，名翁山泊。元代（公元 12—13 世纪）疏浚了翁山诸泉，送水至京城入通惠河（图 3-1），到了明代又在这里种稻、菱、莲等水生植物。清朝乾隆十三年（1749 年），扩湖堆山（图 3-2），将原翁山前湖面东半部的陆地平原开挖为湖，利用疏浚湖的土方堆叠东北形成东堤（现在仍然可以看到颐

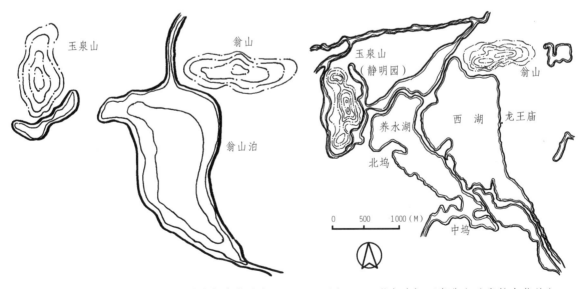

图 3-1　元代翁山、翁山泊（张献丰仿绘）　　　图 3-2　明末清初西湖翁山（张献丰仿绘）

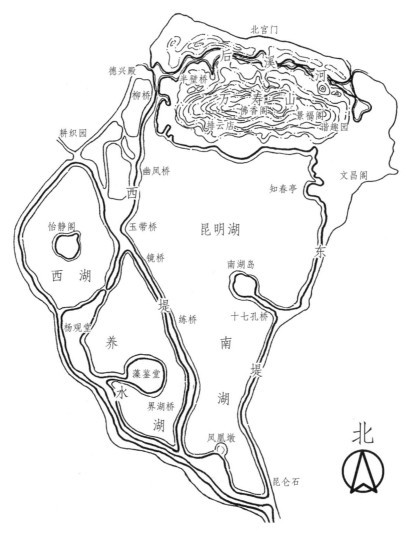

图 3-3　颐和园山水格局（张献丰绘制）

和园东墙外道路低于墙内，证明扩展湖面不是完全靠挖方而成，而是拦堤蓄水，是扩大水面的巧妙之处）。向西扩展水面修筑西堤，将湖面分成三个大小不同的水域，使湖面有了层次变化。最终呈现为现今的颐和园山水格局（图 3-3）。

颐和园山水格局模仿杭州西湖，万寿山如小孤山，昆明湖如西湖。在湖区，按西湖样式筑堤，分湖成东西两湖，湖中按一池三山理论筑有大三岛和小三岛。三大岛是堤东的南湖岛、堤西的怡静阁和藻鉴堂，成鼎足之势；三小岛是小西泠、知春亭、凤凰墩，各自靠岸而立。隔湖东岸有铜牛镇水，西岸有耕织园，成牛郎织女隔水相望状，而十七孔桥象征鹊桥。西堤上仿杭州西湖苏堤，建有六座桥。堤上三步一桃，五步一柳，春来桃红柳绿，人称北方江南。在山区，则用北方皇家造园手法，按轴线南部布局以寺院建筑，佛香阁作为全园的视觉中心，建筑群落左右对称，颐和园佛香阁的位置基本在万寿山轴线的黄金分割点上，其体量与山体、水体比例搭配得当，整体景观既活泼又给人以视觉上的均衡感。

图 3-4　前湖景区鸟瞰图（冯钟平绘图）

图 3-5　后湖景区鸟瞰图（冯钟平绘图）

（二）网师园

网师园位于苏州十全街阔家头巷，占地面积约 0.6 公顷，属于中小园林。从布局上看，宅园以水池为中心，面积仅 400 平方米，水面内聚开阔明朗，曰彩霞池，池中不设岛屿，周围配以精致小巧的轩、阁、斋、廊、亭、假山、叠石、花木等，形成一个幽静雅致的闭合空间。池之一角突出为回水，回水之上架斜桥。这是明显的明代园林风格。

水池南，黄石堆叠的假山植桂树，山下临水一崎岖小路通向灌缨阁，阁建于水上，阁下泊一船。水池北，植有罗汉松、古柏、白皮松等历经风雨数百年的古树，苍劲古朴的枝干倒映水面，丰富了池岸的景象和层次。水池东，曲折的小石台阶直到亲水矶台，紫藤攀附黄石假山，半亭射鸭廊，再往后的白墙一层层深远，延长视线开阔视野。水池西，水崖上一座娇小玲珑的八角亭"月到风来亭"，可供游人驻足休息。在水池的西北角有一建筑曰灌缨水阁，同时在水池的西北角和东南角分别做出了两个小水湾，寓意水的来龙去脉。两水湾处均有小桥跨越其上，特别是东南角的小型石拱桥——引静桥，为苏州园林小桥之最，跨于小涧之上，给人源头深远的印象，在景观上增加景深。同时，小巧的引静桥恰如其分地反衬出池水的开阔明朗。在其下方山石草木中隐匿着一个小型叠梁闸，是为了调节中部水位而设。此处原与外河道相通，雨季时可以排除多余的水，干旱时防止池水干涸。从东南角向西北角望去，好像池水经过开朗的水面，流过小桥缓缓而去，更使池水有来无影去无踪的效果。

图 3-6　网师园彩霞池（自拍）

图 3-7　月到风来亭（自拍）

图 3-8　濯缨水阁（自拍）

图 3-9　引静桥（自拍）

三、理论思考、实训操作及价值感悟

1. 颐和园案例中为何选择寸草不生的翁山，而不选择景色秀美的玉泉山？

2. 比较颐和园理水与网师园理水的异同。

3. 举例分析中国传统理水特点在现代景观设计中的应用。

4. 为何我国古典园林中善于用水？水为园林文化增添了什么样的内涵？

第二节　水景设计原则及手法

一、理论要点

（一）基本原则

1. 得其性

水具有其自身的特性，通常水以无色、无味、透明的液态存在，在自然界中以江河、湖泊、瀑布、溪流、涌泉等形态出现。其本身无固定的形状，具有很大的可塑性。水面具有一定的倒影能力及反射能力。水的状态还受气温、光、风等气候环境的影响，而表现出不同的景观。在营造园林水景时，要尽量去理解和发挥其特性。比如水平如镜，镜则有影，影则借助于物而成景，物是各种各样的，故物影的水景就是丰富多彩的。

2. 仿其形

水的自然形态是园林水景设计的基础，一种是研究自然界江、河、湖、海、溪、潭、泉、池等水体的形式而加以模仿，缩景入园林，这多数是指自然的水态及其环境而言；另一种则是完全以人工的构筑物构成的自然水态，如假山瀑布、综合喷泉。但是，无论水体构筑物及其环境如何人工化，它所产生的水态形状则都是来自水的自然之形。

3. 取其意

水，作为一种自然物，经过人为的观察与理解，给予拟人化，赋予一种伦理道德或哲理的韵味后，从而产生了情与意。这又有两种情况，一种是因水体本身产生的情意，如"飞流直下三千尺，疑是银河落九天"，因瀑布的直泻而下的状态，联想到天上的银河也落下来了，是诗人的一种比喻，是感于水奔流而下的巨大力量的赞叹。另一种则是由于水中景物而产生了情与意，如"一池三山"就是寓意于天上的神山；而庄子与惠子观看游鱼之乐，产生了别有会心，自得其乐的情意等，都是由"形"而产生"情"，进而取其"意"，不同的水景可以产生不同的情与意。

（二）形、声、光、色的艺术手法

1. 形——静态水面划分

水的形态是随其水体的形状而定的，静态的水是以湖、池、潭、塘为水体的，故湖、池、潭、塘的形状，也就决定了水面的大小、形状和景观。

风景园林中的静态湖面，多设置堤、岛、桥、洲等，目的是划分水面，增加水面的层次与景深，扩大空间感；或者是为了增添园林的景致与趣味。城市中的大小园林也多有划分水面的手法，且多运用自然式，只有在极小的园林中才采用规则几何式，如建筑物厅堂的小水池或寺观园林中的放生池等。

2. 声——水声再造

水本无声，但可随其构筑物（容水物）及周围的景物而发出各种不同的声响，产生丰富多样的水景。水态声响效果的艺术处理，极其丰富多样。虽然，目前利用水的自然声响而成景的，尚属初级阶段，但却产生了一种具有诗情画意的水景。

3. 光影因借

充分利用水态的光影效果，构成极其丰富多彩的水景，是园林理水艺术手法的重要一环。常用手法有：（1）倒影成双。利用水的倒影能力，使景物变一为二，上下交映，虚实结合，从而增加景深，扩大空间感，取得相得益彰的艺术效果。（2）借景虚幻。由于视角的不同，岸边景物与水面的距离、角度和周围环境也不同，景物在地面上能看到的部分，在水中不一定能看到，水中能看到的部分，在地面上又不一定能看到。（3）优化画面。以水为基调，调和景观。优化画面要考虑到景物与水面环境的协调及景物本身的性质与构图等。（4）逆光剪影。岸边景物被强烈的逆光反射至水面，勾勒出景物清晰的外轮廓线，就会出现"剪影"，似乎产生出一种"版画"的效果。（5）动静相随。水本静，因风因雨而动，小动则朦，大动则失。（6）水中月影。在中国的风景诗文中，对月形、月色、月影等的描写以及由月引发的种种感想的诗句比比皆是，他们创作以月为主题的园林水景。

4. 色

水本无色，由于光线照射及水中含有的物质不同，给人的色感也不同。现代园林理水中的色彩主要是在水体本身及其构筑物，主要方法如下：（1）在水中加色。（2）水中设彩灯，增加水的夜色。（3）在水池底面，设置有色的池底画。

二、案例素材

（一）杭州西湖

西湖位于浙江省杭州市西部，是中国首批国家重点风景名胜区。西湖三面环山，面积约6.39平方千米，东西宽约2.8千米，南北长约3.2千米，绕湖一周近15千米。湖中被孤山、白堤、苏堤、杨公堤分隔，按面积大小分别为外西湖、西里湖、北里湖、小南湖及岳湖等五片水面，苏堤、白堤越过湖面，小瀛洲、湖心亭、阮公墩三个人工小岛鼎立于外西湖湖心，夕照山的雷峰塔与宝石山的保俶塔隔湖相映，由此形成了"一山、二塔、三岛、三堤、五湖"的基本格局。西湖的自然景色四时不同。西湖十景，楼台亭榭同湖光山色相互辉映，展现了西湖朝暮晴雨春花秋

图 3-10 西湖平面图（张献丰绘制）

月的自然景色。

杭州西湖的"平湖秋月""三潭印月"以欣赏天上月、水中月为特色。杭州西湖三潭印月的一个亭子，由于竹林的遮挡，站在内湖东岸北端，几乎看不到，但从水面却可以看到其影，这就是从水面借到了亭的虚幻之景。故岸边的景观设计，一定要与水面的方位、大小及周围的环境同时考虑，才能取得理想的效果，而这种借虚景的方法，也许正是倒影水景的"藏源"手法，可以增加游人"只见影，不见景"的寻幽乐趣。

杭州西湖三潭印月西部堤岸的大叶柳，在傍晚时分，自东向西望去，在堤的前后，都有强烈的逆光照射，因为堤岸与树木都处于背光面，故在水中能看到树的轮廓线，细看才可看到层层叠叠的西湖柳，在平平淡淡的夕阳里被简化而形成的"剪影"水景。

图 3-11　杭州西湖（自拍）

（二）无锡蠡园

蠡园位于无锡蠡湖边，面积8.2公顷，水面3.5公顷，是典型的水景园。蠡园可分三个部分，即：其西部的湖滨长堤及四季亭，中部的假山区，东部的长廊、湖心亭及层波叠影区。四季亭区是蠡园的主体景区。此区水意颇有杭州西湖之意，四季亭如三潭印月，涵虚亭如湖亭，南堤如苏堤。南堤外围蠡湖一角，四亭再围内湖，东南西北分别建四亭，形制相同，突入湖心，背依湖堤。南堤建有六角亭，名望湖亭，据此望湖为绝佳之处。中部假山区，群峰林立，深沟幽谷，山道盘旋，高低明暗，古木森森，烟水浩渺。太湖石筑成山、堤、桥把水面分成三个水池，南湖边建莲舫，中路假山之侧建一亭一轩，北池边上建一亭。假山东部是层波叠影景区，亦围湖筑岛构屋，面积3公顷，水面1.1公顷。景区西接中部假山，以湖石河黄石叠成大假山的余脉，寻得与中部的统一，石矶与石径入水，上立西施浣纱像，像边长廊，廊中建遨鱼亭。

图 3-12　无锡蠡园（自拍）

三、理论思考与实训操作

1. 自然水体与水景设计原则之间是什么关系？

2. 水景设计的艺术手法包括哪些方面？

3. 水景意境如何营造？

4. 依据园林水景设计原则及手法，设计两个水体景观。

● 第三节　各类水体景观的设计要点

一、理论要点

（一）静水

1. 水体形式

园林中的静水主要指湖、池等水体。水体的平面形式通常表现为自然式、规则式和混合式三种。

2. 水面空间的营造

水面空间通过岛、堤、桥、汀步等园林要素的划分，可形成聚散的变化、大小的变化，给人以不同的视觉效果。岛是创造水面空间变化的要素，岛位于水中，增加了水中空间的层次，在较大的水面中，可以打破水面平淡的单调感。岛既是欣赏四周风景的中心点，又是被四周所观望的视觉焦点。岛有山岛、平岛、半岛之分。水中设岛忌居中与整形。一般多设于水的一侧或重心处。大型水面可设 1—3 个大小不同、形态各异的岛屿，不宜过多，岛屿的分布须自然疏密，与全园景观的障、借结合。岛的面积要依所在水面的面积大小而定，宁小勿大。堤是将大型水面分隔成不同景色的带状陆地，堤的设置不宜居中，须靠水面的一侧，使水面分割成大小不等、形状有别的两个主与次的水面，堤多为直堤，少用曲堤。堤身不宜过高，宜使游人接近水面，堤上还可设置亭、廊、花架及座椅等休息性设施。桥具有交通和造景的双重功能。汀步对水面空间的划分，分而不断，显得更为自然。

空旷的水面虽具有开敞明净的视觉效果，但有时也难免显得单调，可用建筑小品、假山、灯饰、水生植物等不同的景物装饰水面。水面具有反射光线和倒映景物的能力，合理利用此能力，则犹如锦上添花，使水景更加丰富多彩。

3. 水岸景观的营造

水体的岸边可采用不同的方式进行处理，以形成石滩岸景、草岸景观、风景林岸景、地被和景石岸景等不同形式的水岸景观。园林水岸在植物造景的基础上，通过建筑和雕塑等小品的点缀，可丰富水岸线景观，突出水岸景观的文化和艺术特性。对于大型水体，建筑小品一般均以点状分布在岸线上，在水景、树石的衬托下，建筑起到水池视线焦点的作用。而对于小型水体，建筑可作为点状，亦可以游廊的形式连接成环状，绕水而建，形成具有向心内聚空间特性的水庭。

（二）溪流

在自然界中，泉水由山上集水而下，通过山体断口夹在两山间的水流为涧，山间浅流为溪。

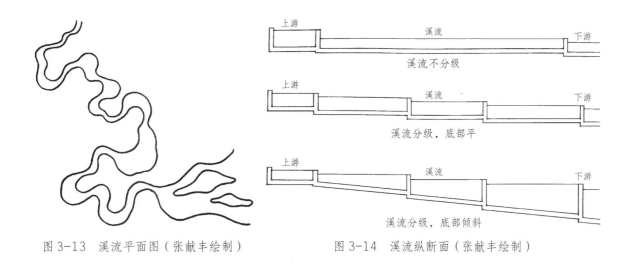

图 3-13 溪流平面图（张献丰绘制）　　　　　图 3-14 溪流纵断面（张献丰绘制）

一般习惯上"溪""涧"通用，常以水流平缓者为溪，湍急者为涧。溪涧是一种水流形式，生动自然，富有野趣。

溪流的设计可模仿自然界中的溪流形态，分源头、中段及尾部三部分进行处理。源头可采用瀑布、涌泉等形式造景。中段水面宜有开合变化。开处设浅滩、汀州，形成适宜戏水、捞鱼、玩乐的欢乐场所；合处布置跌水、溪涧，形成湍急的水流景观。尾部宜以湖、水池等形式形成较大的水面，作为溪流的汇聚之地。对于较长的溪流，要注意创造不同的空间气氛，达到步移景异的效果。利用水的急缓、地势的落差，形成不同的水声效果。

溪流的平面设计中应注意溪流岸线的曲折变化、水面宽窄的变化，通过"曲、折、收、放、分、合"的设计手法创造出变化丰富的水景空间。溪流的断面设计中，为满足人造溪流循环供水的需要，使溪流具有贮水功能，在纵断面上，将溪流分为多级，每级底部设坎存水。这样，水泵不运行时，也能形成一个静态的水景。

（三）泉

泉按其出水情况有涌泉、壁泉、喷泉之分。涌泉为地下水涌到地面所形成的泉景，一般都不高，多数高度在 1 米左右，在园林的小型空间和室内水景中用得较多。壁泉为墙壁出水口落下之泉水水景。喷泉以喷射优美的水形取胜，整体景观效果取决于喷头嘴形及喷头的平面组合形式。喷泉的喷射方式有直线喷射、斜线喷射、交叉喷射和花样喷射等。利用雕塑、山石等景观小品与喷泉组合在一起，可以构成别具韵味的水景。雕塑、山石等景观小品可为喷泉的主景，也可为喷泉的配景，关键是要根据主题气氛和环境特点加以合理地组合，达到和谐统一的景观效果。

（四）小型喷流水景

园林中有一种用于小空间装饰的小型水景，水从管道中流出，称之为管流。其原理与喷泉相似，都是利用水泵将水提升到出水口流出。不同之处是喷泉出口一般有一定形式的喷头，喷出的水流有一定的造型，且水流需要较大的压力，而管流出口没有特别的处理，水自然流出，其灵感来源于山中人家用竹管引山泉之水的做法，形态亲切自然。

与管流相似的喷泉水景很多，有的是从安装在墙上的兽头等装饰物中喷出水流，有的是从水边动物雕塑口中喷出水流，诸如此类，统称为小型喷流水景。

（五）瀑布

天然的瀑布是指溪流、河流等水道的水体在陡峭坡道处滚落直下形成的景观。园林中一般利用假山、溪流来建造模仿自然的瀑布，它更适合于自然山水园林。自然的瀑布一般由上游水源、瀑布口、瀑身、下部水潭和溪流组成。人造瀑布与跌水宜采用循环用水，其组成为：上部蓄水池、溢水堰口、落水段、下部受水池、水泵和连接上下水池的管道。瀑布有直落式瀑布、滑落式瀑布、叠落式瀑布之分。直落式瀑布是指水体下落时未碰到任何障碍物而垂直下落的一种瀑布形式。水体在下落过程中是悬空直落的，形态不会发生任何变化。直落式瀑布的形态主要由瀑布降落处的水口形态决定。滑落式瀑布是指水体沿着倾斜的水道表面滑落而下的一种瀑布形式。这种瀑布类似于流水，但出现在坡度较陡、高差较大，且水道较宽的地方。叠落式瀑布是指水道呈不规则的台阶形变化，水体断断续续呈多级跌落状态的一种瀑布形式。叠落式瀑布也可看作是由多个小瀑布组合而成，或者叫作多级瀑布。在平面上，它可以占据较大的进深，立面上也更丰富，有较强的层次感和节奏感。

（六）跌水

跌水是指利用人工构筑物的高差使水由高处往低处跌落而形成的规则形态的落水景观，多与建筑、景墙、挡土墙等结合。它具有形式之美与工艺之美，比较适合于简洁明快的现代园林和城市环境。

跌水有直落式跌水、滑落式跌水、叠落式跌水之分。直落式跌水在下落的过程中呈平滑、透明的帘幕状，若水体轻薄，水体透明感强称为水帘；若水体由密集的串珠状水滴组成则成为水帘；若水体较厚重，水体透明感稍弱称为水幕。滑落式跌水沿着墙体等的表面滑落而下，可称之为水幕墙或壁流。水幕墙最大的特点就是用水柔化建筑生硬的表面，建筑因而变得更为亲切、自然，并且充满活力，让人产生一种与之亲近的愿望。叠落式跌水沿着台阶形的水道滑落而下，水体呈现有节奏的级级跌落的形态。叠水是柔化地形高差的手法之一，它将整段地形高差分为多段落差，从而使每段落差都不会太大，给人亲切平和的感受。台阶形的水道依地势而建，一般会占据较大的空间，能加强水景的纵深感，增强导向性。

二、案例素材

（一）绩溪博物馆

绩溪博物馆位于安徽绩溪县旧城北部，是一座中小型地方历史文化综合博物馆。建筑设计基于对绩溪的地形环境、名称由来的考察和对徽派建筑与聚落的调查研究。为尽可能保留用地内的现状树木，建筑的整体布局中设置了多个庭院、天井和街巷，既营造出舒适宜人的室内外空间环境，也是徽派建筑空间布局的重释。建筑群落内沿着街巷设置有东西两条水圳，汇聚于入口主庭院内的水面。建筑南侧设内向型主庭院——"明堂"，符合徽派民居的典型布局特征，同时也符合中国传统的"聚拢风水之气"的理念；主入口正对方位设置一组被抽象化的"假山"。围绕大门、"明堂"、水面有对市民开放的、立体的"观赏流线"，将游客引至建筑东南角的"观景台"，俯瞰建筑的屋面、庭院和秀美的远山。

图 3-15　绩溪博物馆水体艺术（张献丰　绘制）

（二）四川都江堰水文化广场

都江堰水文化广场位于四川省都江堰市，2002 年建成，项目规模 10.7 公顷。水文化是都江堰的渊源和主要场所特征。用现代景观设计语言，体现古老、悠远且独具特色的水文化，以及围绕水的治理和利用而产生的石文化、建筑文化和种植文化是本设计的主要特色，在施工中间，大量使用当地原生材料来诠释这一特色，使整个广场表现出质朴凝重、淳厚亲和的整体风格。

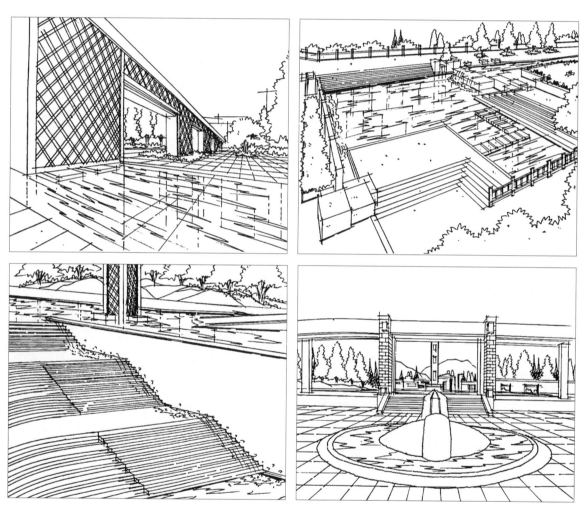

图 3-16　都江堰水文化广场（张献丰 绘制）

（三）天津水上公园

天津水上公园是天津市津门十景之一，占地面积194.94公顷，是天津市区规模最大的综合性公园。

园中南、北部分为大块陆地，中间是广阔的水面，水域面积89.2公顷，水中有11个小岛，分别由拱桥、曲桥、平桥和桃柳堤连接，湖水映着朱红楼阁，湖中碧波荡漾，游人可划船漫游湖上。环湖绿树成荫，湖面荷花吐艳，玉带碧水之间众岛与眺远亭遥相辉映；七座石拱桥与多

图 3-17　天津水上公园（摄影部落：苍松翠柏摄影）
来源：http://dp.pconline.com.cn/photo/list_1788006.html

处仿明清建筑争相媲美；三处明清式长廊镶嵌绿荫之中；"水景长堤""水晶广场"多姿水景，步移景异；盆景园、神户园、水生植物园风格独具，美不胜收；翠堤览胜、桃柳宜春、秋宇清霜、冬宜雪韵等景观区域季相突出。

三、理论思考与实训操作

1. 不同类型水景设计的要点是什么？

2. 溪流景观设计与中国传统理水艺术及现代水景设计之间的关联是什么？

3. 不同类型水景设计与园林布局之间的关联是什么？

4. 设计一个水景园，将各种类型的水景有机融合在场地设计中。

| 第四章 | 　园林地形与山石艺术

学习目标

1.知识目标

（1）能够辨别园林地形的作用及表现方式。

（2）能够阐述园林地形设计的原则与方法。

（3）能够说出山体设计要点。

（4）能够说出置石理石要点。

2.能力目标

（1）能够运用园林地形的作用，解决场地中相关问题。

（2）能够正确绘制园林地形图。

（3）能够在遵循园林地形处理原则的基础上进行地形改造。

（4）能够运用山体设计要点，进行山体设计。

（5）能够对场地内置石进行合理设计。

3.情意目标

（1）能够认同并内化实事求是、追求真理的辩证唯物史观。

（2）能够在团队合作中，内化团结互助的精神。

（3）在创作中，坚持传承与创新精神。

学习重点

1.园林地形的作用、表现方式、处理原则。

2.山体设计要点。

3.认同并内化实事求是、追求真理的辩证唯物史观。

情意培养

1.地形改造过程中，要基于场地现状，尊重场地现状，客观认识场地而进行地形改造，在此过程中要认同并内化实事求是、追求真理的辩证唯物史观。

2.在团队合作中，学会团结互助，人际沟通，观点表达。

3.分析现代置石艺术是如何在传统置石艺术的基础上进行传承与创新的。

一、理论要点

地形是地球表面三度空间的起伏化，是地表的外观。就风景区范围而言，地形包括山脉、丘陵、河流、草原以及平原等复杂多样的类型。这些地表类型一般称为"大地形"。从园林范围来讲，地形包含土丘、台地、斜坡、平地，或因台阶和坡道所引起的水平面变化的地形。这类地形统称为"小地形"。起伏最小的地形叫"微地形"，它包括沙丘上的微弱起伏或波纹，或是道路上石头和石块的不同质地变化。总之，地形是外部环境的地表因素。

（一）园林地形的作用

1. 空间构成

地形能影响人们对户外空间的范围和气氛的感受。平坦的地区和园址在视觉上缺乏空间限制，是一种缺乏垂直限制的平面因素。而斜坡和地面较高点则占据了垂直面的一部分，并且能够限制和封闭空间。斜坡越陡越高，户外空间感就越强烈。

在大型园林中，因其具有规模大、容量大，观赏、游览、活动设施多的特点，这就要求不同的功能空间之间有一种分割与隔离，而利用山体围绕可形成大小不同的空间，具有自然、灵活又不露人工的痕迹。但要隔而不断、露而不透，开辟适当的透景线把主要的园林空间区域有效地组织起来，才能到达"化整为零"和"集零为整"的目的。

2. 空间感受

平坦、起伏平缓的地形能给人以美的享受和轻松感，一般的斜坡路（10%—25%）无论上坡或者下坡都会给人以动的感觉，而陡峭、崎岖的地形极易在一个空间中造成兴奋和悠纵的感受。同样，人所站立的地表面倾斜度也会影响空间气氛。一个人站在平坦地面上比站在斜坡上感到更安全、更轻松。斜坡地面使站立者感到不舒服，并易使他不断滑动。

3. 控制视线

在垂直面中，地形可影响可视目标和可视程度，可构成引人注目的透视线，可创造出景观

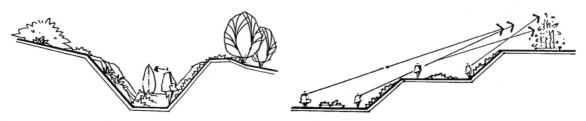

图 4-1 空间划分、视线引导（张献丰 绘制）

序列或景观的层次，如山体可以作为景点的障景，丰富空间层次，增加景物进深。也可屏障不悦目因素。就地面而言，地形完全可以影响观赏者和所视景物或空间之间的高度和距离关系。观赏者低于、高于或等高于可所视景物，都能产生对被观赏景物细微的异样观感。

4. 排水

场地完全呈平面则不利于降水后的排水，起坡后虽有利于排水，但坡度过大则难以保持水土，容易形成水土流失，甚至泥石流。掌握好适宜的坡度要根据地域的降水和地下水的情况、土壤的结构和植被覆盖的程度进行设计。

5. 营造小气候

所谓小气候，是指因下垫面性质不同，或人类和生物的活动所造成的小范围内的气候。小气候常产生于山体和建筑物的附近，这是因为地形能影响光照、风向以及降雨量。在北方山体的南坡与北坡气候分别为温暖和干燥。南坡有利于喜温暖植物的生长，但夏季则日晒、光反射较强且干燥，不利于喜温暖潮湿植物的生长。而北坡在气候干旱的条件下却有利于植物的生长。

6. 地面利用

斜坡的坡度、山谷和山脉的构造以及地形的特征会影响不同景观功能和土地用途的确定和组织，影响一种土地用途与另一种土地用途之间的关系，影响地区性的土地利用和开发形式。同时，地面为园林植物（或动物）营造良好的生长（生活）环境，为园林建筑提供良好的基质。

（二）园林地形的类型

园林地形有陆地与水体之分。园林陆地可分为平地、坡地、山地三类。一般理想的比例是：陆地占全园的 2/3—3/4，其中平地占陆地的 1/2—2/3，丘陵占陆地的 1/3—1/2 或山地占陆地的1/3—1/2。

1. 平地

园林中的平地是指那些总的看来是"水平"的地面，即使它们有微小的坡度或轻微的起伏，也包括在平地范围内。平地是所有地形中最简明、最稳定的地形，因此给人以舒服、踏实的感觉。平地的功能为接纳和疏散游人。园林中的平地按地面材料可分为土地面、沙石地面、铺装地面及绿化种植地面。

平地要有 3‰—5‰ 以上的排水坡度。自然式园林中的平地面积较大时，可有 1%—7% 起伏的缓坡，坡地如有草地护坡也不要超过 25%。在现代公园中，游人量大而集中，活动内容丰富，所以平地面积须占全园面积的 30% 以上，且须有一两处较大面积的平地，如果公园中平地过少，将不能满足游人活动的需要。

2. 坡地

如土坡、低丘陵坡、斜坡等；功能以种植乔、灌、藤、花卉、地被、草坪等相结合的主要植物景观区域。根据地面的倾斜角度不同可分为缓坡（坡度在8%—10%）、中坡（坡度在10%—20%）、陡坡（坡度在20%—40%）。

3. 山地

山地包括自然的山地和人工的堆山叠石。山地可以构成自然山水园的主景，组织空间，丰富园林的观赏内容，提供建筑和种植需要的不同环境，改善小气候，点缀、装饰园林景色。在园林中起主景、背景、障景、隔景等作用。

根据堆叠的材料不同，山地可分为土山、石山（天然石山、人工石山）、土石山（土山点石、石山包土）。

（1）土山：一般坡度比较缓慢（1%—33%），在土壤的自然安息角（30°左右）以内。占地较大，不宜设计得过高，可用园内挖出的土方堆置，造价较低。

（2）石山：利用造型各异的石材，运用不同的堆叠手法，塑造成玲珑、峥嵘、顽拙等丰富多变的山景。石山坡度一般比较陡（50%以上），而占地较小。石材造价较高，不宜设计太高，体量也不宜过大。

（3）土石山：有土上点石、外石内土两种。土上点石是以土为主体，表面在山峰处和山腰、山脚的适当位置点缀石块以增加山势，便于种植和营造建筑。这种山坡占地较大，不宜太高，它有土有石，景观丰富，以土为主，造价较低。

二、案例素材

（一）卢森堡·Peitruss滑板公园

由Constructo Skatepark Architecture在法国卢森堡市设计的滑板公园景观，结合地形和滑板运动项目的需要，采用几何形体的平面布置，对场地进行了全新的设计，形成不同的高差和空间。公园总面积为2750平方米，包括一个小型的碗状场地，一个带有3.2米高挡墙的大型碗状场地，一座圆顶以及一个街道广场，是欧洲规模最大也是最具吸引力的滑板公园之一。主要设施结合周边环境，主要用了奶油色和棕色的混凝土板，而街道广场上则用了黑白灰的色块。为了使公园充分融入场地所在的历史环境，设计师对Vauban古堡的几何形态重新进行了阐释，这体现在场地周围的长凳和台阶上。石墙和长凳的表面被结合为一个整体，使滑板公园的边界融入了Vauban古堡的围墙。

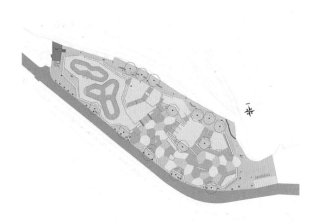

图 4-2　滑板公园［来自园景人（ID：xyzwin）］
http://www.sohu.com/a/257598209_656548

（二）泰国 23° 庄园居住区

泰国 23° 庄园居住区位于泰国 Khao Yai，该城市距曼谷 205 公里，是一处知名的度假区。当地自然环境展现为独特的石灰石构造的山地形态。而该项目正位于这座巨山的山脚下，与川流的天然水系相交。设计师以当地天然环境为设计出发点，试图将天然元素融入项目之中，以求住宅项目与当地生态系统的和谐统一。设计师以当地石灰石山地的曲折形态为灵感，用不规则的线条环绕山泉水系，并将其引向项目所在地的蓄水池，该蓄水池专为此水系而建。山泉经过蓄水池的过滤后流向临近的河流。此外，场地内各功能区依势而建，配合多种人行通道，更增居住区与天然环境的和谐感。

图 4-3　泰国 23° 庄园居住区（来自：谷德设计网，Mr. Wison Tungthunya 拍摄）
来源：https://www.gooood.cn/23-escape-by-shma.htm?lang=zh_CN

三、理论思考与实训操作

1. 地形与空间营造之间的关系。

2. 不同类型地形与地形作用之间的关联是什么?

3. 选取某一案例,对其中的地形利用情况进行分析。

第二节　地形表现方式及处理的原则

一、理论要点

(一)地形表现方式

1. 等高线表示法

等高线是最常用的地形的平面表示法,所谓等高线,就是绘制在平面图上的线条,它将所有高于或低于水平面,具有相等海拔高度的各点连接成线,有时人们又将它称为基准点或水准标点。等高线由整数来表示,这是因为它们表示高于或低于一已知参考面的整个测量单位。从理论上讲,如果用玻璃的水平面将其剖开,等高线应该显示出一种地形的轮廓。等高线仅是一种象征地形的假想线,在实际中是不存在的。用等高线表示地貌,可以反映地表面积、地面坡度和体积等,从而可以充分满足地图上表示地貌的要求,所以它被国际上公认是当今最好的地貌表示法。

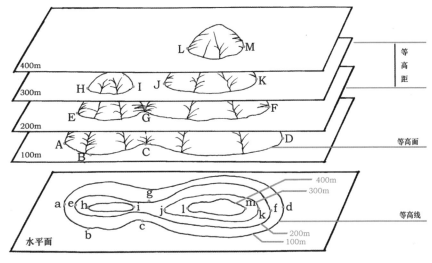

图 4-4　等高线地形图(张献丰绘制)

2. 高程点表示法

在一平面图或剖面图上，另一种表示海拔高度的方法叫标高点。所谓标高点就是指高于或低于水平参考平面的某一特定点的高程。标高点在平面图上的标记是一个"+"记号或一圆点，并同时配有相应的数值。由于标高点常位于等高线之间而不是之上，因而它们常用小数来表示，如一个标高点可能是51.3或75.1，之所以使用小数而不是分数，主要因为确定地形高度的测绘制，来源于数字的科学基础。

（二）地形处理的原则

在园林建设中，地形改造因牵涉的面比较广，工程量比较大，工期也比较长，所以是建园的主要工程项目之一。园林地形设计应全面贯彻"适用、经济、在可能条件下美观"这一城市建设的总原则。地形处理应以利用为主，改造为辅；因地制宜，顺应自然；节约工程开支；符合自然规律与艺术要求。即：在充分利用原有地形地貌的基础上，适当地进行改造，达到用地功能、原地形特点和园林意境三者之间的有机统一。总之，力求使园林的地形、地貌合乎自然山水规律。

二、案例素材

（一）衢州月亮湾公园

月亮湾公园位于衢州市西区，在老城区的西北部，衢江的西部，属于衢州新开发的区域，地形起伏大，整个地势由西南向东北方向渐渐降低，最大高差近15米。月亮湾公园总用地面积6.89公顷，其地形设计利用原始地形，与周边环境协调统一，合理处理内部因素关系（功能区、道路等），塑造出具有生态景观的城市公园。在公园地形处理上，力求依势而造，按局部基面的竖向变化创造出复合空间层次，节约工程造价，同时给人们带来不同的空间感受；辅以种植各种特色植物，修建合理的道路系统，把衢州当地的山水意境表达得淋漓尽致。

月亮湾公园在地形较低处，成功嵌入一条水系，在公园中部形成"月亮湾"。"月亮湾"是公园的山水景观核心，形成视觉焦点，为水生动植物提供生存空间，丰富动植物种类，体现生物多样性，避免了不利地形带来隔断空间的影响。

月亮湾公园各功能区有不同地形，面积差异大，满足不同的需要。视觉焦点的"月亮湾"为镰刀形开阔水面，四周空间围合。在公园正面入口，因现状土方开挖严重，在对地形做处理后形成台地式的带状晨练广场，为居民提供安静的林下晨练空间。晨练广场与城市道路间以香樟、石楠、夹竹桃形成常绿隔离林带，晨练场地中种植冠大荫浓、树姿雄伟的珊瑚朴，形成林荫晨练空间。公园山坡东侧有颇具观赏价值的裸岩，公园对其进行整体性的保护，设置岩石花园区；保留原有的富有野趣的岩生植物景观，利用山上土生土长的植物资源，如金樱子、野蔷薇、硕苞蔷薇、悬钩子、算盘子、胡枝子、景天科、禾草类及苔藓类等，增加薜荔、络石、金银花等山区石壁常见的攀缘植物，形成具有浓郁的当地特色的岩生植物景观。位于公园西侧的自然山林区，利用原地形地貌，改造现有的马尾松林，增加常绿阔叶树和秋色叶树种，形成以体现秋景的风景林带；山上设有游步道和休息亭廊，秋天满山的红叶将成为一道亮丽的风景。草坪活动区则设置在稍有坡度倾斜区域的东南角，临水的大草坪，给人们提供了休息、野餐、露营的空间；沿居住区一带营造密林隔离带，也使草坪活动区更具有围合感。

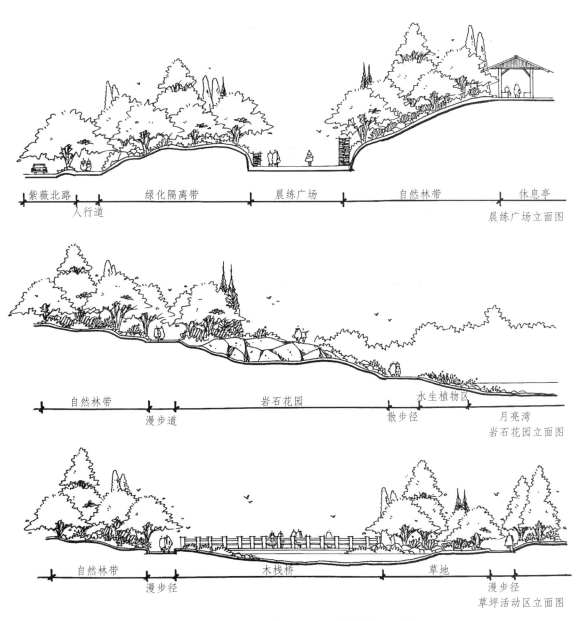

图 4-5 月亮湾公园地形立面图（张献丰 绘制）

（二）深圳凤岗市政广场

凤岗市政广场是明智玩具厂的工场遗留地，地形起伏大，北高南低，最大高差 3.34 米，坐落在繁华地段。在广场地形处理上，力求依势而造，按局部基面的竖向变化创造出复合空间层次，节约工程造价，同时给人们带来不同空间感受。辅以种植各种特色植物，修建合理道路系统，塑造出特色突出的亚热带公共空间。为市民观赏、休闲纳凉、锻炼身体提供场所，突出了市民休闲、娱乐、集会的广场主题，是市政形象的体现。

凤岗市政广场在地形较低处，成功设置为下沉式露天舞池（下沉 2 米左右），周边为环形水道，正立面为海洋系列浮雕墙，与瀑布水景组合形成视觉焦点，为水生动植物提供生存空间，丰富动植物种类，体现生物多样性，避免了不利地形带来隔断空间的影响。凤岗市政广场拓延了地下空间，设置了地下停车场，地上覆土根据地形和植物生长要求（0.8 米—1.2 米），在特殊地形处理上，其地形设计扬长避短，塑造出了复合式的空间层次。凤岗市政广场在塑造地形上，成功运用了 88 种热带特色植物种类，构造出层次丰富的空间环境，形成疏可跑马、密不透风的效果。强化了地形，装饰了地形，渲染了环境（引自《城市广场的地形设计——以深圳凤岗市政广场为例》）。

三、理论思考、实训操作与价值感悟

1. 地形表现方法的注意要点有哪些？
2. 地形处理原则在园林设计案例中是如何体现的？
3. 案例素材中地形处理的依据是什么？
4. 绘制一张地形图。
5. 分析衢州月亮湾公园地形设计中是如何实事求是、尊重场地现状的。

● 第三节　地形设计

一、理论要点

（一）山体设计

1. 主次分明

主山不宜居中，忌讳"笔架山"的对称形象。山体宜呈主、次配合的和谐构图，峰和峰之间要互相呼应、掩映和烘托，使宾主相得益彰，切忌"一"字罗列，成排成行。在群山和群峰之间，都要高低错落，疏密有度。

2. 组合有致

"山不在高，贵有层次"说明了层次的重要性。层次有三，一是前低后高的上下层次，山头作之字形，用来表示高远；二是两山对峙中的峡谷，犬牙交错，用来表示深远；三是平岗小阜，错落蜿蜒，用来表示平远。

3. 峰峦叠嶂

山势既有高低，山形就有起伏。一座山从山麓到山顶，绝不是直线上升的，而是波浪起伏，由低而高和由高而低，有山麓、山腰、山肩、山头、山坳、山脚、山阳以及山阴之分，这是一山本身的小起伏。山与山之间有宾有主、有支有脉是全局的大起伏。同时，山形追求"左急右缓，莫为两翼"，避免呆板对称。

山麓——山坡和周围平地相接的部分。

鞍部——地形图中为两组表示山头的相同高度的等高线各自的闭合曲线相邻并列，其中间处为鞍部。地理上，两座山之间，闭合曲线有相同高度相连，便是鞍部。鞍部在两座山峰之间。

山坳——通常指在跨越分水岭山脉高处的要隘；山间平地，两山间的低下处。

山谷——山脊之间低洼部分；等高线的凸出部分指向高出，表示山谷；最大弯曲处的点的连线，表示为山谷线，也叫积水线。

山脊——是由两个坡向相反、坡度不一的斜坡相遇组合而成条形脊状延伸的凸形地貌形态。山脊最高点的连线就是两个斜坡的交线，叫作山脊线。

山阴——山坡背阴的一面；山的北侧。

4. 一气呵成

山有来龙去脉，便有一气呵成之势，方能显示出山的神韵气势。虽然自然界中拔地而起的孤峰很多，但它的成因必与其周围众多的峰峦相一致。如果在城市园林中，只有一座孤峰，就不符合地貌形成的客观规律。除非用作园林入口的对景、障景，具有特定的功能和目的。同地形的形成并无绝对联系。

5. 曲折回抱

由于山体曲折回抱，形成开合收放、大小不同、景观迥异的空间境域，产生较好的小气候。尤其在具有水体的条件下，溪涧迂回其间，飞流直下，能取得山水之胜和世外桃源的艺术效果。

6. 虚实相生

布置假山要疏密相间，虚实相生。疏密与虚实两词的含义既有相同之处，又有所区别。密是集中，疏是分散，实是有，虚是无，当景物布置密到不透时，便是实，疏到无时便成虚。在园林中不论群山还是孤峰都应有疏密虚实的布置。做到疏而不见空旷，密而不见拥斥，增不得也减不得，如同天成地就。

山之虚实是指在群山环抱中必有盆地，山为实，盆地为虚；重山之间必有距离，则重山为实，距离为虚；山水结合的园林，则山为实，水为虚。庭园中的靠壁山，则有山之壁为实，无山之壁为虚。

7.四面而异

讲究山体的坡度陡、缓各不同；不同角度，不同方面形态变化多端。峰、峦、崖、岗、山形山势随机，坞、洞、穴随形。

（二）微地形设计

1.微地形概念及类型

微地形指用地规模相对较小，在一定范围内承载树木、花草、水体和园林构筑物等物体的地面及地面起伏状态，采用人工模拟大地形态及其起伏错落的韵律而设计出的面积较小的高低起伏幅度不太大的地形。

微地形按照塑造手段划分自然式和规则式，自然式主要是近自然的形式，规则式则指人工味道比较浓厚的台阶、坡道、看台等等。按照材料构成划分，微地形可以分为土质微地形、石质微地形、土石混合式微地形。按照功能划分，微地形可以分为观赏型微地形、生态型微地形、功能型微地形。按照坡划分，有单坡向、双坡向、多坡向等类型。

2.微地形设计原则

（1）自然和谐的原则。尽管微地形景观大多是通过人工方法构造的，但其创作灵感还是来源于大自然。因此，在微地形设计时应该从场地现有地形状况考虑，把握好自然地形要素的特点，在这基础上按功能和需求进行合理的改造，合理布局，使微地形景观更富于变化，并有利于空间的组织和视线的控制。同时，微地形设计不能脱离环境中其他景观要素的影响而孤立存在，微地形的处理要注重与周围其他事物的协调性。

（2）最优化的土地利用原则。动土酌情，当要节用，填挖结合，土方平衡。园林地貌处理应遵循因地制宜的原则，宜山则山，宜水则水。以利用原有地形为主，地形的改造为辅。

（3）科学性原则。在微地形设计时，应注意科学的造景。不能一味地只求形成微地形效果，而忽视了它本身的功能性与实用性。设计时要按照微地形的高低、大小、比例、尺度、外观形态等情况进行设计。

（4）艺术性原则。微地形不仅具有实用功能，其本身亦是一种景观。微地形设计的艺术性对于景观空间能起到丰富的作用，给人艺术性的感受，是提升视觉美感的重要因素。因此在微地形处理中，应充分运用形式美法则，同时应结合场地文化，赋予其深刻的文化内涵，这种文化内涵的体现也是增强艺术性的重要体现。

3. 微地形设计要点

微地形设计包括平面设计和竖向设计两方面。

在对微地形景观的平面进行设计时，应注重边界与底面的处理。边界是指微地形景观的外边缘与微地形之外的环境交叉地带，是微地形景观的外轮廓，轮廓的控制是微地形与周围环境相协调的关键要素之一。一般常见的边界形式有两种，分别是自然式和人工式。在对底面处理时，应注重其大小和形状。底面基本决定了微地形所占的空间大小，影响着空间整体感觉的营造。

微地形的竖向设计包括高度的确定和坡度的设计两方面。地形高度应该与地形的平面设计相适应，避免出现整体比例失调及地形边界过于陡峭的现象。要考虑到冬季冰雪天气带来的负面影响，微地形高度的设计满足要求即可，不能过于夸张。坡度的设计中，除了满足正常排水的要求外，还需要依照微地形的形式及功能需求来确定，自然式微地形景观，坡度值在3%以下称为平坡地，对人们的活动以及其他景观要素不造成影响。坡度在3%—10%之间称为缓坡地，坡度在10%—25%称为中坡地，可以适当地配以台阶、台地等景观要素。25%—50%、50%—100%称为陡坡地与急坡地，在微地形设计中可做叠石堆山之用。

二、案例素材

（一）宇宙沉思花园

宇宙沉思花园位于苏格兰西南部的邓弗里斯，由美国艺术家 Charles Jencks 设计，花园占地12英亩，设计灵感源自于科学和数学，并以此为主题设计了许多的雕塑和景观，例如"黑洞""分形"，令人感到奇幻，交错有序地构造出了整个花园的雏形。花园植物不多，地形变化丰富，设计将地形特征与数学公式、科学现象巧妙地结合在了一起。这是一座巨大的，现场人造的大地艺术，是一个主要用于雕塑展览的主题公园。

宇宙沉思花园内包括了一片湖泊区域，湖泊的四周被高低错落的灌木与乔木围绕，而不是常见的水生植物围绕湖岸，湖中的水很浅。湖岸被设计成弧形，具有非常高的曲线美感，突出了这座花园以科学、数学为灵感的主题。湖泊中矗立着高度不一的小岛，就像是一座座小山堆，小岛上开着螺旋上升的小道，设计师用这种方式去表达宇宙的诞生，令人遐思无限。设计师把花园的六个部分组成了一个DNA花园，每一个部分都代表一种感觉，第六种代表直觉。园中还有湖中的拱门、爬行的钢铁巨人、兜兰雕塑等。这一部分再次体现了花园设计者对宇宙、数学和自然的思考。白色的格子与绿色的格子有序地相间着，格子随着地形的舒展而变大，随着地形的收缩而汇聚成一点，体现了生与终结的转化，令人深思。

图 4-6　宇宙沉思花园鸟瞰图（新浪博客：无非景观笔记）

图 4-7　宇宙沉思花园（新浪博客：无非景观笔记）
来源：http://blog.sina.com.cn/s/blog_a239e4bd0101minc.html

（二）日本高松市半山坡集合住宅 Greendo

位于日本高松市的一处山坡上的 7 户住宅名为 Greendo，建筑师 Keita Nagata 将这 7 户住宅小心翼翼地塞到了山体中，形成了一处缓缓的波浪屋顶，盖上草皮，仿佛这块地什么都没有发生过一般。其实这块土地已经被遗弃了多年，Nagata 认为与其将其平整后另起一座高楼还不如将这 7 层住户摊平到每个坡度中。这样不仅节省了许多的土地整理费用，还使得每个住户拥有了无缝衔接的门前景观。通过对坡度的利用，使得建筑对底层土里的压力分散。而每户住宅都

图 4-8　Greendo（来自灵感日报）
来源：http://www.ideamsg.com/2015/09/greendo/

以半窑洞的形式嵌入山体，形成冬暖夏凉的天然隔热层。同时建筑师还通过地下连通的管道保存恒温的空气，无论冬天夏天都能为室内提供较好的新风条件。

（三）雕塑景观——童年的印记

ECTIRES 在瑞士梅兰设计的"雕塑景观——童年的印记"，占地 2600 平方米，由 PAYSARCHIT 以动态起伏的形式在 École des Boudines 大楼的室外地面上自由展开，宛若从 Meyrin 公园冷漠的直线形式中解放出来。从高处看，"童年的印记"像是一张 Jura 山起伏地貌景观的图片铺在地上，这个景观其实是一个假山模型，其形态可以满足人们在其中行走。不同于一般的平坦地面，这种折叠起伏的空间形式为孩子们提供了更多样的玩耍体验。由近到远，从起伏的曲线地面到建筑天际线，身处其中孩子们会随着地形的变化观察和体会到 MEYRIN-PARC 的天空，valley of Geneva 以及 Jura 的山地。

图 4-9　雕塑景观——童年的印记（引自谷歌设计网）
来源：http://www.sohu.com/a/211848688_312179

三、理论思考与实训操作

1. 中国传统山体设计与微地形设计之间有何关联？

2. 微地形设计在现代景观中的应用要点有哪些？

3. 微地形设计与地形设计原则之间有何关联？

4. 针对某设计方案，对其进行地形设计或改造。

● 第四节　置石艺术

一、理论要点

置石是用山石零星布置的一种点景方法，作为独立或附属性的造景布置，表现自然山石的个体美或组合的群体美，用石量少，起装饰点缀作用，或为局部的主景。

（一）常见的山石材料

1. 湖石

是经过熔融的石灰岩。这种山石质坚而脆。由于风浪或地下水的溶融作用，其纹理纵横，脉络显隐。石面上遍多坳坎，称为弹子窝，扣之有声。还很自然地形成沟、缝、穴、洞。有时窝洞相套，玲珑剔透，集"瘦""透""漏""皱""丑"为一体，蔚为奇观，有如天然的雕塑品，观赏价值比较高。因产地不同，在色泽、纹理和形态方面有些差别。常见的有太湖石、房山石、英石、灵璧石、宣石等。

2. 黄石

是一种带橙黄颜色的细砂石，苏州、常州、镇江等地皆有所产，其石形体顽夯，见棱见角，节理面近乎垂直，雄浑沉实，平正大方，立体感强，块钝而棱锐，具有强烈的光影效果。

3. 宣石

计成《园冶》：宣石产于宁国市所属，其色洁白，多于赤土积渍，须用刷洗，才见其质。或梅雨天瓦沟下水，冲尽土色。惟斯石应旧，愈旧愈白，俨如雪山也。一种名"马牙宣"，可置几案。

4.灵璧石

灵璧石，又名磐石，产于安徽省灵璧县浮磬山，它漆黑如墨，也有灰黑、浅灰、赭绿等色。石质坚硬素雅，色泽美观。

5.英石

产于广东英德市。英德，古称英州，以盛产英石得名。英石源于石灰岩石山，自然崩落后的石块，有的散布地面，有的埋入土中，经过千百万年或阳光曝晒风化或箭雨刀风冲刷或流水侵蚀等作用，形成奇形怪状的石块，具有独特的观赏价值。有阳石和阴石之分。出土者为阳石，质地坚硬，色泽青苍，扣之清脆。入土者为阴石，质地稍润，色有微青和灰黑，扣之皆有韵声。英石褶皱细密，迂回曲至，形如云立，纹比波摇，独具皱、瘦、透、漏四妙特色。

6.黄蜡石

黄蜡石又名龙王玉，因石表层内蜡状质感色感而得名（一说此石原产真腊国，故称腊石）。由于其地质形成过程中掺杂的矿物不同而有黄蜡、白蜡、红蜡、绿蜡、黑蜡、彩蜡等品种。

全国四大园林名石——英石、太湖石、灵璧石、黄蜡石。

（二）置石的选择

我国选石有六要素：

1.质

山石质地因种类而不同，有的坚硬，有的疏松，如将不同质地的山石混合叠置，不但外形杂乱，且因质地结构不同而承重要求也不同，质地坚硬的承重大，质地脆的易松碎。

2.色

石有许多颜色，常见的有青、白、黄、灰、红、黑等，叠石必须使色调统一，并与附近环境协调。

3.纹

叠石时要注意石与石的纹理是否通顺、脉络相连，石表的纹理，为评价山石美的主要依据。

4.面

石有阴阳面，应充分利用其美的一面。

5.体

山石形状、体积很重要，应充分考虑山石的体型大小、虚实、轻重合理配置。

6.姿

常以"苍劲""古朴""秀丽""丑怪""玲珑""浑厚"等描述各种石姿，根据不同环境和艺术要求选用。

（三）理石的方式

我国园林中常用岩石构成园林景物，这种方式称理石。它归纳起来可分三类：置石成景、整体构景、配合工程设施。现分述如下：

1. 置石成景

置石成景分为单置、散置、群置。

（1）单置。单置也叫孤置、特置，是将整体或拼石为体量较大、体姿奇特的石景立于入口或道路端头景处、院落或广场中、廊间路旁、树木等风景视线的焦点处，作为局部小景或局部的构图中心，起对景、障景或点景的作用。

凡作为特置用的岩石体量宜大，轮廓清晰，或清奇古怪，或圆浑厚重，或倒立或斜倚横卧均可。

（2）散置。散置是将山石有散有聚、顾盼呼应成一群体设置在山头、山坡、山脚、水畔、溪中、路旁、林下、粉墙前等处，是"攒三聚五""散漫理之"的布局形式。

散置的山石石姿不一定很好，但应有大有小，布局无定式，可就形随势落石，深埋浅露以显自然意趣。还可以用一大块、几小块成组散置用作山石桌凳。

（3）群置。应用多数山石互相搭配点置，称为群置或聚点。根据假山石的形状大小不同，互相交错搭置，可以配出丰富多样的石景，点缀园林。

配石要有主有从，主从分明。配置时宜根据三不等的原则，即石之大小不等、石之高低不等以及石的间距远近不等进行配置。石组配成之后，然后再在石旁栽植观赏植物。配植得体时，则树、石掩映，妙趣横生；景观之美，可以入画。石组可以布置在山顶、山麓、池畔、路边、交叉路口以及大树下、水草旁。

2. 整体构景

整体构景是指用多块山石堆叠成一座立体结构的形体。此类形体常用作局部的构图中心或用在屋旁、道边、入口对景处、池畔、墙下、坡上、山顶、树下等处形成一定的景观。整体构景在造型和叠石技术上的要求均较置石高，应既有天然巧夺之趣，又不露斧凿之痕。设计和施工应注意造型，着重朴素自然，手法上讲求简洁，注意石不可杂，纹不可乱，块不可匀，缝不可多。常见的叠石造型手法有挑、飘、透、跨、连、悬、垂、斗、卡、剑。

3. 配合工程设施

如用作亭、台、楼、阁、廊、墙等的基础与台阶，山间小桥、石池曲桥的桥基及配置于桥身前后，使它们周围环境相协调。

中国传统的建筑多建于台基上，出入口部位需要有台阶衔接，园林建筑常用自然山石做成台阶踏跺，用以丰富建筑立面，强调建筑出入口。明代文震亨著《长物志》中"映阶旁砌以太湖石垒成者曰涩浪"所指山石布置就是这一种，又称"如意踏跺"。

对于高层建筑，如楼、阁、重廊，可用自然山石掇成室外楼梯，既可节约室内建筑面积，又可成自然山石景。自然山石楼梯又称为云梯。

建筑的墙面多成直角转折，这些拐角的外角和内角的线条都比较单调、平滞，常以山石来美化这些墙角。对于外墙角，山石成环抱之势紧包基角墙面，称为抱角；对于内墙角，则以山石填镶其中，称为镶隅。

为了使园林建筑室内外互相渗透，常在建筑内墙上开"尺幅窗"作为景框，在窗外布置竹石小品，使之入画，这以真景入画，将自然美升华为艺术美，即为"无心画"。以墙作为背景，在其前布置石景，也是传统的园林手法。

二、案例素材

（一）南宁"万科悦府"居住小区

GND 设计集团在广西南宁设计的"万科悦府"居住小区景观，多处设置了玄奇古怪的石头，以特置、对置和散置等不同手法分置左右，疏宓有致，攒三聚五，深埋浅露，隐隐中脉络似断还连，

图 4-10　南宁"万科悦府"居住小区中理石艺术（来自 GND 设计集团）
来源：http://www.sohu.com/a/214204899_618704

使人不出城郭,而享山林之趣。并加以山石器设、山石花台,绿植交翠益彰的诗情画意,在山石交错、潺潺流水之间形成"清风明月本无价,近水远山皆有情"的自然深蕴,端严凝整,而又流动清丽。

(二)西安万科公园华府居住区

西安万科公园华府居住区位于西安曲江片区,占地面积 5000 平方米,属于传统的低密宜居社区。景观设置了三进院落,分别为,云门:府系奢华,大行于外,藏秀于中——层层叠叠,虚实相间;水院:形简而神厚,一方镜水,一片流云,天光云影,水月镜花;山堂:穿堂入院,渐入佳境,群山叠影。山堂正中是一组由 25 块木纹黄砂岩组成的群峰雕塑——隐喻秦岭,高低起伏地浮于水面之上。

图 4-11　西安万科公园华府居住区理石艺术(来自 Arch Daily)
来源:http://www.landscape.cn/works/photo/live/2017/0912/181632.html

(三)上虞·江南里

上虞·江南里位于运河边,将江南韵味与工匠精神融合,致力于打造一座扎根于上虞曹娥文化的江南园林,定制一处诗情画意的高品质园林生活。在景观设计上设计师借鉴了艺圃的传统造园手法,提炼了古典中式的美学符号,并融入现代生活的实际功能,让居住者更加舒适地享受生活。在庭院尺度的设计上,空间的层层递进,设计师掌控整体结构和布局的全局性,通过观赏线路将孤立的点(景)连接成片,进而若干组织便成为完整的序列。行走院落中,一幅幅场景接连成画,让人应接不暇。在视觉色彩的设计上强调建筑材料、室内外材料的整体性和统一性。在道路的规划上通过适度弯曲变化,使得巷道的视线更加流畅。

图 4-12　上虞·江南里理石艺术（来自 ARCHINA）
来源：http://www.archina.com/index.php?g=Works&m=index&a=show&id=4675

三、理论思考、实训操作与价值感悟

1. 分析现代景观中理石艺术的特征。

2. 分析现代理石艺术中的形式美感。

3. 完成以置石艺术为主的方案设计。

4. 分析现代理石艺术对传统理石艺术的传承与创新。

| 第五章 | 园林道路艺术

学习目标

1.知识目标

（1）能够说出园林道路按性质与功能的分类，明确各级道路的主要功能。

（2）能够判断园林道路布局形式及其适用的场地。

（3）能够阐述园林道路设计要点。

（4）能够说出园林铺装设计要点。

2.能力目标

（1）能够根据场地现状，选择合理的道路布局形式，并进行道路分级。

（2）能够科学合理地进行道路设计，实现道路与其他要素的有机结合。

（3）能够在方案设计中，体现园林道路游览功能。

（4）能够依据场地尺寸、功能、意境等要求，进行合理的铺装设计。

（5）能够运用形式美法则，结合平面构成理论，创新铺装艺术。

3.情意目标

（1）能够在方案创作中，认同并内化以人为本及改革创新的时代精神。

（2）能够在团队合作中，认同并内化团结互助的精神。

（3）能够在案例分析中，认同并内化实事求是、追求真理的辩证唯物史观。

学习重点

1.园林道路按性质与功能的分类，明确各级道路的主要功能。

2.根据场地现状，选择合理的道路布局形式，进行道路及铺装设计。

3.认同并内化以人为本、团结互助的时代精神。

情意培养

1.道路设计的各个环节，要考虑游人通行、观赏、安全等需要，注重人本设计。

2.在铺装设计方案创作中，内化改革创新的时代精神。

3.案例分析、评价及创作中，强调尊重场地现状，尊重事实，客观分析。

第一节 园林道路的作用与分类

一、理论要点

（一）园林道路的作用

园林道路简称园路，是园林的脉络，园路具有组织交通、引导游览、组织空间、构成景色的作用。

（二）园林道路的分类

1. 按规划形式分为规则式园路和自然式园路。

2. 按路面材料不同分为整体路面、块料路面、碎料路面、简易路面等。整体路面指单用一种材料铺设而成的路面，常用材料包括水泥混凝土、沥青混凝土、彩色沥青混凝土。块料路面指采用块状材料铺设而成的路面。碎料路面指路面由种类不规则的卵石、碎石、瓦片等进行规则排列，或将其排列成各种图案和纹样。简易路面因路面具有临时性，所以常用一些较简单、易成形的材料铺垫而成。

3. 按其性质和功能分为主要园路（主路）、次要园路（次路）和游息小路（小路）。

（1）主要园路。主路是连接园林场地主要出入口与各主要广场、主要建筑、主要景点及管理区的道路。是园林道路系统的基本骨架，属全局性的，要求成循环系统。它是园林内大量游人所要行进的路线，必要时可通行少量管理用车，路面应硬实、安全、易清扫，道路路幅宽度较宽，景观要求较高。

（2）次要园路。是主要园路的辅助道路，与主路相配合。分散在各区范围内，连接各景区内的景点，通向各主要建筑。一般路幅宽度不宽，交通流量不大，要求能通行小型服务用车辆。

（3）小路。主要供散步休息、引导游人更深入地到达园林各个角落，既常作为通道，也作为装饰。如山上、水边、疏林中，多曲折自由布置。考虑二人行走，一般宽 1.2—2 米，最小宽度为 0.9 米。

二、案例素材

（一）金华梅园公园

金华梅园位于浙江省金华市，东临武义江，南至环城南路，北至丹溪路，长约 1 千米，占地面积约 13 万平方米。在倡导足下文化与野草之美的环境伦理与新美学思想下，用当代景观设计手法，最终在闲置的武义江边，建成了具有水体净化和雨洪调蓄、梅花展示、生物多样性保育和审美启智等综合生态服务功能的城市公园。

场地内布置了一个狭长的幽谷空间，通过梯地台田巧妙地解决了防洪问题的同时，启承开合，委婉流动，长近1公里，其间设计了一系列景观盒、亲水栈桥、平台和穿梭于植被中的步道网络。始于南端的风车提水和层层梯田，而止于北端的九宫格，游走其间，或潜谷底探水，青蛙绕足；或上坦荡田野，荷叶田田；或穿梭院墙，庭院深深。

图 5-1　金华梅园公园（引自土人设计网）
来源：https://www.turenscape.com/project/detail/4670.html

（二）Graphisoft 公园

Graphisoft 公园位于 Szentendrei 路的一块三角形地块上，铁路和多瑙河区域是一个相对封闭的空间，没有直接连接到住宅区。然而，随着在罗马古迹中探索，它可能是未来文化区的基础。Aquincum 理工学院坐落在此，以领先的建筑和园林建筑手法设计建筑和大型绿地，形成了独特的工业园区形象。

中央区有三个阶段的景观美化工程。一是公园提供了一个密集的场所，方便会议、讲座和娱乐，有瀑布的池塘、外墙的阶梯包围的海岸线区域成为最受员工欢迎的空间；二是在新建筑的办公园区，开发转向历史悠久的建筑燃气工程，Graphisoft 公司的入口公园和 AIT 形成的操场，长廊和接待区；三是带有历史建筑的中间区域方便学生进行户外活动，有玄武岩路面、混凝土外墙的银行和老树。

图 5-2　Graphisoft 公园（引自设计传媒网）
http://www.design-media.cn/case/detail/id_1674.html

三、理论思考与实训操作

1. 园林道路形式与园林道路功能之间有何关联？
2. 园林道路形式与园林布局形式之间有何关联？
3. 不同类型园林道路的功能、设计要点是什么？
4. 选取教材中或现实生活中某一案例，对其道路分级进行分析、评价。

● 第二节　园林道路的布局形式及设计

一、理论要点

（一）园林道路布局形式

1. 内环式

内环式道路比较适合规模较大、地形条件较好、交通量较大的场地，公共活动中心也常以环式的道路来组织广场空间。内环式道路连接场地各组成部分，既便于分区，又能较好地满足交通、消防等要求。内环式的道路网，其道路的总长较长，占地较大，对地形条件要求较高，其应用也受到一定的限制。内环式道路又进一步衍生出"田"字形、"8"字形、"回"字形道路布局形式。

2. 环通式和半环式

环通式和半环式的道路网相比内环状布局，比较灵活。环通式道路直接联系场地的出入口与各个部分，线路短，交通便捷，建设经济。特别适宜具有半公共使用特点的场地，如居住区等。半环式道路将机动交通组织在场地中心以外，避免了机动车对场地内部的干扰，适用于人流量较大的场地，特别是人车分流的道路系统。

3. 尽端式

在交通流线有特殊要求或地形起伏较大的场地，不需要或不可能使场地内道路循环贯通，只能将道路延伸至特定位置而终止，即为尽端式道路布局。尽端式道路适宜交通量较小或竖向高差较大的场地。尽端式道路布局虽线路总长较短，但场地内各部分之间的联系不够方便。

尽端式道路布局，单枝线路不宜过长，一般宜<120米，并应在尽端或适当位置设置回车场，以供驶入的车辆掉头。回车场应不小于12米 *12米，并可根据场地条件布置成各种形式。有大

型消防车通行要求时，其尺寸应不小于 18 米 *18 米。

4. 带状式

在狭长的场地内，受到场地宽幅的影响，道路布局只能从一端贯穿到另一端，而景致多围绕在道路附近开展，此种道路布局形式即为带状式。带状式道路可依据场地规划形式有直线形与曲线形之分。

5. 混合式

在一个场地内，同时采用上述两种以上道路布置形式即为混合式道路布置。混合式道路可根据场地条件灵活布置，兼有各种布置方式的特点，在满足场地交通功能的同时，适应场地交通流的不均匀分布、地质与地形变化等，并减少道路占地和土石方工程量，适用范围较广。

（二）园林道路设计

1. 园路设计应与园林形式一致

这主要表现在园路的线型设计和铺装设计中，若为规则式的园林，园路大多为直线和有轨迹可循的曲线路；若为自然式园林，则园路大多为无轨迹可循的自由线和宽窄不定的变形路。路面铺装应与园林风格一致。如我国古典园林中的园路，常采用青砖、黑瓦以及卵石等材料嵌镶成各种精美图案和纹样，具有朴实典雅的风采，素有花街之美称，具有民族特色，有较高的艺术性。

2. 园路的交通功能应从属于游览功能

园路不同于一般纯交通性的道路，应以满足游人的游览观赏为主导。根据地形的要求、景点的分布等因素，因地制宜来布置，或在平面上迂回曲折，或在立面上起伏变化，以满足人们游览观赏的要求。

3. 园路布局应主次分明，方向明确

园林道路系统必须主次明确，方向性强，起到引导游览的作用。园林的主要道路不仅要在宽度和路面铺装上有别于次要园路，而且要在风景的组织上给人们留下深刻的印象。主路设计要大曲率，流畅通顺，起到游览的主动脉作用，组织游览，疏导游人，同时要方便生产和管理。主路不宜设梯道，次路、小路宜顺地势而盘旋。

4. 园路布局要因地制宜，顺势辟路

园路的布局应综合考虑场地现状、景观布局、游览需要等因素，科学合理地进行设计，做到道路布局与地形巧妙结合，顺地形而起伏，顺地形而转折；做到因园景序列空间构图的游览形势而因势利导，从而达到构园得体的效果。园路设计要求达到平面上曲折和剖面起伏融于一体，达到"曲折有致""起伏顺势"效果。

5. 园林道路应系统明确，整体连贯

园林道路的设计应考虑其系统性。要从全园的整体着眼，确定主路系统。依据场地特点，明确道路布局。狭长的地形决定主要道路呈带状；面积较小的园林不必分出主、次、小路；面积较大的园林，园内主要设施常沿湖或环山布置，所以主干道必然是套环式；如果各景区内的景点分布零散，主路也须采用环形串连；从游览角度，园林路网尽可能呈环状，避免出现"死胡同"或"回头路"；在环形布局中，防止过分长直、景色少的现象，防止两条近距离的、过长平行前进的道路；避免龟纹状的主次不清、方向不明的网路。

6. 自然式园路布局妙于迂回曲折

《园冶》中讲"开径逶迤"，是指园路在平面上曲折变化，竖向上随地形起伏变化。因园林地形、园林功能和艺术的要求，自然式园路宜迂回曲折，达到营造景观，增长游览路线，组织游览程序的目的。园林道路的曲折迂回必须防止矫揉造作，一忌"三步一弯，五步一转"曲折过多，形成蛇形路，反而失去了自然；二忌曲率半径相等，即相邻的两个曲折绝对不能半径相同，大小应有变化，并显出曲折的目的性，否则平地上无缘无故的曲折，游人定会抄近路而践踏路边的花草；三忌此路不通，曲路的终端必须接通其他道路或有景可赏，避免游人走回头路。

7. 园林宜疏密变化，密度得体

依据景区的性质、地形、游人的多寡确定园路布局的疏密变化。一般安静休息区密度可小些，文娱活动区及各类展览区密度可大些；游人多的地方密度可稍大，地形复杂的地方密度则较小。总的说来园路不宜过密，园路过密不但增加了投资还有造成绿地分割过碎之弊。

8. 园路布局必须处理好园路交叉口

道路的交叉一般有正交和斜交两种方式。道路相交应尽可能正交，为避免游人拥挤，可形成小广场；如果两条道路相交成锐角，锐角不宜小于60°，否则通过三角形广场解决；"T""Y"形交叉口要做好对景和集散场地的处理；多条道路的集中点，要设大的广场；由主路分出次路，分叉位置宜在主路弯道的外侧；山道与道路的交叉口，山道下来要有较长的缓坡，如果坡度较陡，不要与道路正交。

9. 园路随地形起伏变化，应有适宜的坡度

园路的坡度有横坡和纵坡两种，横坡是指由园路中心线向路两侧的坡度，是为了园路排水，将雨水排到两侧的井中；纵坡与园路的类型、路面材料等有关。

10. 园路和建筑的联系

自然式园路在通向建筑正面时，应与建筑渐趋垂直；在顺向建筑时，应与建筑趋于平行。

建筑与道路之间，应根据建筑的性质、体量、用途而确定建筑前的广场或地坪的形状、大小。

一般而言，园林道路不穿越建筑。但对于亭、廊等可穿越的园林建筑，道路可以穿过建筑或从建筑的支柱层通过。靠山的园林建筑利用地形分层入口，游人可以竖向穿越建筑。临水建筑亦可从陆地进，穿过建筑涉水（桥、汀步）而出。

11. 园路与桥及水体的联系

桥是路的延伸，被称为"跨水之路"。在布局时，桥和路的方向要一致，或园路与桥头广场相连，或加宽桥头的园路。

在规则式园林中，若园林水景为分散的小水体，它与园林道路则构成一体，成为道路的一部分；若园林水景为规则的大面积水体，则园林道路可紧邻水体，围绕水体进行布置。在自然式园林中，一般都布局环湖园路，但不是紧靠岸边一周，而是距岸边若即若离，有的路段接近湖岸，有的路段远离岸边。

12. 台阶与无障碍通道

园林中的台阶主要应用于平地与起坡的连接处，常为建筑入口、水旁、山路、陡坡，为方便人行走，可结合花池、栏杆、水池、挡土墙、假山登道而设。一般踏面宽30—38厘米，高10—15厘米。在古典园林中还常用天然山石布置园林的入口台阶，俗称如意踏跺。

建筑入口、公共活动场所在设置台阶时要考虑无障碍坡道。

13. 步石

步石是置于地上的石块，多在草坪、林间、岸边或庭院等较小的空间使用。

步石设计的要点：

（1）质地应是坚硬耐磨损的材料。

（2）步石的形状应以表面平整、中间略微凸起的龟甲形为好，这样可以防止石面积水。

（3）石块的大小可根据需要选择，但不宜小于30—40厘米，以便踏脚。

（4）置石时要深埋浅露，一般步石高出地面大约6—7厘米或略低一些为好。

（5）置石时要有适当的跨距，人的两脚步行时的跨距大约是60厘米，因此石与石的中心间距应以此为度，并应有适当的曲度。

（6）置石的方向应与人前进的方向相垂直，给人稳定的感觉。

（7）步石布置，可由一块至数块组成，不宜过长，不能走回头路，要表现出韵律性和方向性的平衡，一组步石应选同种材料、同一色调来表现统一画面，做到既丰富又统一，切忌杂乱。

二、案例素材

（一）辛辛那提斯梅尔滨河公园

辛辛那提斯梅尔滨河公园是辛辛那提市中心沿俄亥俄河的大型公园，占地13公顷。沿河公

图 5-3　辛辛那提斯梅尔滨河公园道路艺术（引自 mooool）
网址：https://mooool.com/smale-riverfront-park-by-sasaki.html

园形成连续的开放空间链，连接州立休闲道与自行车道系统，并将辛辛那提市中心与大俄亥俄河连接起来。

Sasaki 的公园设计为罗布林大桥——历史性重要建筑地标——创造了合适的背景，同时提供大型聚会、静态休闲以及项目活动的空间。公园包括好几处互动水景、一个演出舞台、雕塑游乐区、亭台、板凳秋千、水花园以及辛娜吉步道——一个 300 米长的滨河散步道。

（二）郑州双鹤湖中央公园（一期）

郑州双鹤湖中央公园位于郑州航空港区，占地面积约 150 公顷。"双鹤湖"的设计灵感来源于河南博物院的镇院之宝、出土于郑州新郑地区的青铜器——"莲鹤方壶"，抽象的"鹤"的造型，结合水体、地形等景观设计元素对公园进行统一的设计。

从空间布局来说，这个公园的设计方案采用的是一种对称均衡的布局方式，具体节点中有可能打破对称，并在打破中寻找平衡——它既有一个视觉上的中轴结构，但是又不局限于严格的对称控制；轴线起到引领的作用，但是两侧是均衡发展的。这算是对传统公园"中轴结构"的一种创新。双鹤湖中央公园景观设计强烈的中轴秩序，结合垂直生长的竖向空间层次，轴线明确、大气疏朗，是一个有机生长的彰显中原特色的城市中央公园。

郑州双鹤湖中央公园道路系统错综复杂，其中桥梁系统是公园交通系统的重要部分，作为园路系统的一部分，不同风貌和特点的桥梁作为"点"接入到路网结构的"线"中。

图 5-4　郑州双鹤湖中央公园（引自 ARCHINA，摄影：一勺景观摄影）

来源：http://www.archina.com/index.php?g=works&m=index&a=show&id=3078

三、理论思考、实训操作与价值感悟

1.园林道路布局形式及其要点是什么？

2.园林道路设计要点包括什么？

3. 如何突出园林道路的游览功能？

4. 园林道路与其他园林要素之间有何关系？

5. 完成某一方案的道路设计。

6. 选取教材中或现实生活中某一案例，结合场地现状，从行人通行、观赏、安全等方面对其道路设计的人本性进行分析、评价。

● 第三节　园林道路铺装艺术

一、理论要点

（一）园林铺装的意义

园林铺装也称铺地，是指采用硬质、耐磨的天然或人工铺地材料（如沙石、砖、条石、混凝土、沥青、木材、瓦片等）按一定的形式铺设于地面上，满足使用需要，兼顾审美要求的地面处理方式。铺装的目的是保护地面，防止雨水冲刷、人为践踏磨损；方便人行，开展活动；通过铺装形成方向性，引导游人视线，引导步行者到达目的地；通过铺地的形式与图案纹样，对环境空间起到统一或分割的作用，亦可创造不同的视觉趣味，创造铺地景观。

（二）铺装材料

铺装用材可分天然和人工合成两种。天然材料有自然界的石料、卵石、碎石、粗砂或木料。人工合成材料很多，有混凝土类、陶瓷类、沥青类、塑胶类制品等。现代园林铺装中最常用的铺装材料为石材、砖及木材。石材在古典园林中多用鹅卵石、青板石等，在现代园林中，石材多是花岗岩、大理石、砂岩和人造石材经过切割、抛光等一系列的加工程序最终制成块状或板状材料。砖的品种和类型繁多，目前园林中常见的砖包括广场砖、舒布洛克砖、烧结砖、小青砖、建菱砖、劈裂砖、植草砖、荷兰砖、陶瓷锦砖（俗称马赛克）、缸砖、瓷质透水砖、釉面砖等，不同的砖材结合不同的铺设方式拼接图案纹样，可使铺装的装饰功能被发挥至最大化。木材有软材与硬材，硬材强度高，密度小，防振抗震效果好，耐冲击、耐久性强；软材具有弹性和韧性，材色和纹理美丽，健康环保易加工，因此被广泛地用于景观的各项设施。

（三）园林铺装的艺术创造

1. 铺装的质感

人们因接触到素材的结构而产生的材质感称为质感。铺装的美，在很大程度上要依靠材料质感的美，一般铺地材料，以粗糙、坚固、浑厚者为佳。铺装材料的质地和肌理不同，对空间环境会产生不同影响，从而给人带来舒适、轻松、温馨、开阔等不同感受。在进行铺装时，要考虑空间的大小，小空间应选择较圆滑、细小的材料，给人柔和轻巧、精致的感觉；大空间可选用线条明显、质地粗犷厚实的材料，给人沉着、稳重的感觉。

2. 铺装的色彩

铺装的色彩应该与所处环境相协调。在铺装选择中，要有意识地利用色彩变化，丰富和加强空间的氛围。也要结合地域特点，选择具有地域性的色彩，充分表现地方特色的园林景观。同时，还应注意色彩无法单独存在，需要与形体、空间、肌理等要素紧密结合，只有合理地配置色彩与其他要素之间的关系，才能达到最佳的视觉效果。

3. 铺装的纹样

在铺装设计中，纹样起到装饰路面的作用，可以多种多样的图案纹样来增加园林景观特色。铺装纹样一般以简洁的构图为主，坚持统一协调的原则，不宜选取材质多、造型烦琐的纹样。在园林中，铺地纹常因场所的不同而各有变化，讲究路面的纹样、材料与环境的尺度、功能、意境结合，起强化功能、加深意境的作用。如铺装样式或材料的变化体现园林景观的空间界限；苏州拙政园枇杷园的铺地，采用枇杷纹。

4. 铺装的尺度

铺装的尺度包括铺装材料尺寸和铺装图案尺寸两个方面，他们对外部空间产生一定的影响，使人感到不一样的尺度感。一般而言，对于铺装材料的尺寸，中、小型空间一般使用中、小尺寸的地砖和小尺寸的玻璃马赛克，将小空间从感觉上扩大；大空间中一般使用大尺寸的抛光砖、花岗岩等板材，形成统一的整体感。对于铺装图案的尺寸，中、小型空间一般选择简单、小尺度的铺装图案，但图案不可太小，否则会让铺装显得琐碎；大空间中一般使用大尺寸铺装图案。对于铺装材料尺寸和铺装图案尺寸又是综合运用的，有时小尺寸材料铺装形成的激励效果或拼缝图案往往能产生更多的形式趣味；利用小尺寸的铺装材料组合成大图案，也可与大空间取得比例上的协调。

5. 光影效果在铺装设计中的应用

在我国古典园林中，早已利用不同色彩的石片、卵石等按不同方向排列，在阳光照射下，产生丰富的变化的阴影，使纹样更加突出。

在现代园林中，多用混凝土砖铺地，为了增加路面的装饰性，将砖的表面做成不同方向的条纹，使原来单一的路面，变得既朴素又丰富。这种方法在园林铺地中的应用，不需要增加材料，工艺过程简单，还能减少路面的反光强度，提高路面的抗滑性能，确能收到事半功倍的效果。

二、案例素材

（一）惠州新力城

由 MealStudio 在广东惠州设计的新力城，景观设计从"海"与"岛"获得灵感，整体营造现代、简约的风格。错落有致的艺术草阶，在铺装形式上采用明快的流线感串联整个示范区，水磨石汀步结合卵石，主要材料用了彩色混凝土和花岗岩；另外，道路造型和色彩与水体、与建筑也达到了完美统一。

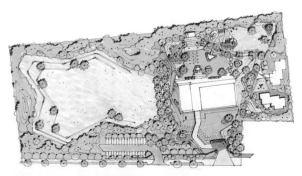

图 5-5 Sinic Group 铺装艺术（引自 mooool，摄影师：林绿）
来源：https://mooool.com/huizhou-sinic-city.html

（二）同济大学校园

同济大学是中华人民共和国教育部直属的全国重点大学。截至 2018 年 6 月，同济大学设有 38 个学院和二级办学机构，7 家附属医院，6 所附属中小学。有四平路、嘉定、沪西和沪北等 4 个校区，占地面积 2.56 平方千米，校舍总建筑面积 175 余万平方米。

图 5-6　同济大学校园道路（自拍）

三、理论思考、实训操作与价值感悟

1. 铺装的作用是什么？

2. 园林道路类型与铺装之间有何关系？

3. 铺装的设计要点是什么？

4. 铺装与环境的关系是什么？

5. 坚持创新精神，依据园林道路铺装设计要点，设计不同图案的园林道路铺装。

学法指导

学习目标

1.知识目标

（1）能够说出中国传统园林建筑的类型及特点。

（2）能够说出中国传统园林建筑的布局手法。

（4）能够阐述现代园林建筑布局原则。

（5）能够说出园林建筑与园林植物、园林水体及园林道路之间的关系。

（6）能够说出园林小品设计要点。

2.能力目标

（1）能够依据场地现状，选择合适的建筑类型。

（2）能够运用中国传统建筑布局手法进行园林建筑布局设计。

（3）能够用自己的语言对拙政园中园林建筑与其他园林要素的关系进行

分析。

（4）能够依据园林小品设计要点进行园林小品设计。

（5）能够设计出1—3个有创意的园林小品。

3.情意目标

（1）能够认可我国天人合一思想，内化和谐发展观。

（2）能够在方案创作中，认同改革创新的时代精神。

学习重点

1.阐述中国传统园林建筑的布局手法及现代园林建筑布局原则。

2.能够依据园林建筑特点及布局要点，进行合理的园林建筑布局设计。

情意培养

1.中国园林建筑融于自然的布局手法，源于中国天人合一的思想，是我国

古人追求和谐精神的重要体现。

2.在园林小品设计方案创作中，内化改革创新的时代精神。

一、理论要点

（一）建筑设计的基本知识

1. 建筑的定义

建筑是为了满足人类社会活动的需要，利用物质条件，按照科学法则和审美要求，通过对空间的塑造组织和完善形成的物质环境。

建筑是建筑物和构筑物的通称。建筑物是指供人们在其中生产生活或进行其他活动的房屋和场所，如厅堂、楼阁等。构筑物是指人们不在其中生产生活的建筑，如纪念碑、雕塑等。

2. 建筑的构成要素

（1）建筑功能：建筑的用途和使用目的。不同类别的建筑具有不同的使用要求。

（2）建筑技术：是建造建筑的手段，包括建筑材料与制品技术、结构技术、施工技术、设备技术等，建筑不可能脱离技术而存在。材料是物质基础，结构是构成建筑空间的骨架，施工技术是实现建筑生产的过程和方法，设备是改善建筑环境的技术条件。

（3）建筑艺术形象：建筑外形及空间组合的综合体现。构成建筑形象的因素有建筑的体型、内外部空间的组合、立面构图、细部与重点装饰处理、材料的质感与色彩、光影变化等。

（二）园林建筑的作用

园林建筑是指在园林绿地内，具有使用功能，同时又与环境构成优美的景观，以供游人游览和使用的各类建筑物或构筑物。从园林建筑的定义中不难看出，园林建筑既具有使用功能，又具有观赏功能，另外，园林建筑还具有划分空间、组织空间、点景等作用。

（三）园林建筑的分类

园林建筑按性质可分为传统园林建筑和现代园林建筑两大类。

1. 传统园林建筑

亭、廊、堂、厅、轩、台、馆、斋、舫、塔、阁、楼、榭等。

2. 现代园林建筑

现代园林建筑类型繁多，根据其功能、观赏考虑，可以分为以下几种：

（1）文化、宣传类：纪念馆、展览馆、陈列馆、阅览室、演讲厅等。

（2）文娱、体育类：电影院、剧场、露天演出场、滑冰场、游泳池、乒乓球室以及游艺室、棋艺室等。

（3）园艺类：观赏温室、生产温室、盆景园、奇石园等。

（4）游览、休息类：亭、廊、榭、舫、花架等。

（5）服务、管理类：餐厅、茶室、小卖、厕所以及管理处的办公室、食堂、车库、仓库、工具间等。

（6）构筑物类型：桥、园墙、栏杆等。

二、案例素材

2006沈阳世界园艺博览会

2006沈阳世界园艺博览会位于风景秀丽的沈阳棋盘山国际风景旅游开发区，占地246公顷，园内建有53个国内展园，23个国际展园和24个专类展园，是迄今世界历届园艺博览会中占地面积最大的一届。在沈阳世界园艺博览会的建设中，许多设计方案、建设手法都是首次被使用。如三层夹胶玻璃建桥面、凤之翼建筑的斜塔，而百合塔则为中国最大的雕塑体建筑。

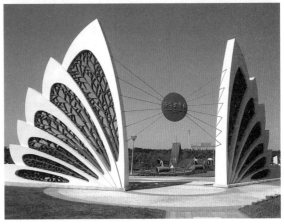

图 6-1　沈阳世界博览会园林建筑（自拍）

三、理论思考与实训操作

1. 建筑的构成要素是什么？

2. 园林建筑的分类有哪些？

3. 调查一下你所在城市园林建筑情况。

第二节　中国传统园林建筑艺术

一、理论要点

（一）中国传统园林单体建筑的设计要点

1. 亭

亭一般是由几根立柱支撑屋顶，体量不大，供游人休憩和赏景的园林建筑，常与山、水、绿化相结合，除少数有墙和门窗之外，大都为通透或柱间有坐凳、栏杆。

（1）亭的造型。亭的造型主要取决于其平面形状、平面上的组合及屋顶形式等。根据亭的平面形状的不同，大致可分为单体式、组合式、与廊墙结合的形式三类。有三角、四角、五角、六角、八角、圆形、梅花、扇形等形式。

亭的立面有单檐、重檐、三重檐之分。屋顶的形式则多采用攒尖顶，也有用歇山顶、硬山顶、环顶、卷棚顶的。

（2）亭的位置选择。园林中的亭位置设置灵活，可设置于山地、水域、道路、广场等处。山地建亭，依据山势的高低，小山建亭，宜建于山顶，可与山体协调；大山建亭，宜建于山巅，以山为背景，构图优美，有利于组织导游。水域建亭，可建于水中、湖畔、桥中或岛上。亭的大小与体量必须与水面大小相协调。道路建亭，常见于道路终点及交叉口、路畔树荫下等。广场建亭，常位于场地一角。

（3）亭的尺度。亭的平面尺度一般为 3×3—6×6 米，亭的高与平面宽之比，方亭为 0.8∶1，六或八角亭为 1.5∶1，亭柱直径（或宽）与柱高比为 1∶10。亭的设计中，可根据构图需要稍有变化，但不可比例失调。

2. 廊

廊是一种线形的建筑，在园林中不仅具有遮风、避雨、遮阳、停留休息、交通联系的功能，而且成为空间联系和空间分隔的一种重要手段。

（1）廊的类型。按群体造型分：直廊、曲廊、抄手廊、回廊、爬山廊、叠落廊、水廊。按横剖面形式分：双面空廊、单面空廊、暖廊、复廊、单支柱廊、双层廊。

（2）廊的位置。在园林的平地、水边、山坡等各种不同的地段上建廊，由于地形和环境不同，其作用与要求也各不相同。

在园林的小空间和小园林中建廊，采用"占边"的形式，沿界墙及建筑物布局，有效地利用空间，使园林中部形成较大空间，便于组景。

（3）廊的尺度。廊的规模不一，宽窄长短各异，一般私家园林宽度大都在1.5米以内；皇家园林如颐和园的长廊，宽2.3米，柱高2.5米，长273开间728米，为我国最长的游廊。

3. 厅堂

《园冶》中提到："堂者当也，为当正向阳之屋，以取堂堂高显之义。"厅亦相似，故厅堂常常一并称谓。厅堂是古代宴饮、会客、治事、礼祭的建筑。坐北朝南、体型高大、居于园林中重要位置的，是园林中的主体建筑，造型典雅端正，室内空间宽敞，一般3—5间，前后开门设窗，以利观景。古代厅堂不用高屋脊，屋顶常采用歇山、硬山的形式。

4. 楼阁

"重屋曰楼"，结构与形式与堂相似，只是比堂高出一层。阁多为两层，四周开窗，造型较轻巧的建筑物，观景方向更多。楼阁体量一般较大，常设于园的四周或半山半水之间，在园林中起到赏景和控制风景视线的重要作用。

5. 斋

斋指在静僻处之学舍书屋，较为封闭的房子。《园冶》中讲："斋较堂，唯气藏而致敛，有使人肃然斋敬之意。"斋的形式一般是适合居住、休息的几间连体的长方形房屋，比较淡雅素朴。

6. 殿

高大的房屋，中国古代为封建帝王处理朝政或进行各种仪式的处所。殿的形式一般为长方形或正方形，也有十字形、圆形等。屋顶的形式有庑殿顶、歇山顶、攒尖顶，立面造型上有单檐、重檐、三层檐之分。

7. 轩

轩在园林中一般建在地势高、有利于欣赏景物的地方，多为有窗的长廊或小室。轩的空间形式多种多样，既可以指次要的厅堂，又可以指较宽阔的廊。因为轩与廊比较相近，所以有"轩廊"的叫法。

8. 台

掇石而高上平者，或楼阁前出一步而敞者，俱为台。台依所处的位置来区分，有：山顶高处的天台、山坡地带的跌落石、悬崖峭壁处的眺台、水面上的飘台以及屋宇前的月台等类型。古代多用土筑，以远眺为目的，往往和堂之前的平台结合，以便观景，供游人观赏琴棋、休息、纳凉。

9. 榭

建在台上的敞屋称榭。水榭的基本形式是水边有一个平台，平台一半伸入水中，一半架立于岸边。平台四周以低平的栏杆相围绕，平台中部建有一个单体建筑物，建筑物平面形式通常为长方形。水榭在可能范围内突出池岸，造成三面或四面临水的形式。

水榭地平标高要求接近水面标高，若水岸过高，水榭平台与水榭建筑应设计成高低错落的两部分。但当水位涨落变化较大时，应以稍高于最高水位的标高，作为水榭设计地面标高为宜，在造型上，榭与水面、池岸的结合，以强调水平线条为宜。

10. 舫

舫也称旱船，是在水面上建造的一种船形建筑物，由于像船，但又不能划动，因此也叫不系舟。在园林中具有供游人休息、观赏、眺望的作用。它立于水中，又与岸边环境相联系，使空间得到延伸，可以突出主题。

一般分为前、中、后三部分，中间最矮，后面最高，一般有两层或三层，类似楼阁的形象，四面开窗，以便远眺，观望水景及周围景。舫的前半部多三面临水，船首一侧常有平桥与岸相连，仿跳板之意。尾舱下部一般为石材砌成，上部多为木结构，下实上虚，形成对比。

11. 坛

坛指土筑的高台，古时用于祭祀、讲学的地方。

12. 牌楼

牌楼指门式建筑，由立柱支撑顶部，有一间、三间、五间不等，由木、石、砖、混凝土构成，也有用玻璃贴面的琉璃牌楼。在园林上是一个园区的起点，也可划分空间、点缀景观或陪衬主要建筑。各地区，不同民族的牌坊都独有风格。

13. 影壁

影壁是作为屏障的墙，在门的内外都可安放，可作屏障或衬景。在中国的宫苑、府邸、宅门、庙堂内外都有。

14. 塔

一种高耸的建筑物或构筑物。塔原是佛寺中的一种建筑，其平面以方形、八角形为多，层数一般为奇数，具有明显的宗教建筑色彩。在园林中塔往往是构图中心和借景对象。

15. 桥

架在水上或空中以便通行的建筑。桥在中国传统园林中应用较多，具有交通、观赏、点景、分割空间等作用。其形式有石板桥、木桥、石拱桥、多孔桥、廊桥、亭桥等。桥的设计应注意其形式、体量、尺度要与园林环境协调。

(二)中国传统园林建筑的布局手法

1.山水为主,建筑配合

中国传统园林讲究"天人合一","山水为主,建筑是从"正是园林建设布局在"天人合一"指导思想下的体现。中国传统园林建筑能够有机地与园林环境相融合,其原因有二:一是传统园林建筑多变灵活的造型以及其木构件为主、砖石为辅的自然材料属性,极易与环境取得一致;二是建筑布局的化整为零、高低错落、进退曲折的组合也易取得与自然环境的和谐。

2.统一中求变化,对称中有异象

对于园林建筑的布局来讲,除了要有主有从外,还要在统一中求变化,在对称中求灵活。园林建筑在园林构图中的统一性,主要体现在"构园得体""精在体宜"。在园林建筑选址时,要"相地合宜";在兴建时,要根据环境的实际情况,"格式随宜""方向随宜""宜亭斯亭""宜榭斯榭",随曲合方,做到"得体合宜"。在中国传统园林中也不乏中轴对称的建筑布局形式,在一些皇亲府邸中,由于社会观念、礼教影响,园林建筑的整体格局比较严正,但园林建筑仍在体量、色彩、造型等方面追求灵活多变。

3.对景顾盼,借景有方

所谓对景,一般指在园林中两个景物之间具有透景线,相互可见,形成互为观赏关系。一般透景线穿过水面、草坪,或仰视、俯视空间,两景物之间互为对景。园林中厅、堂、楼、阁等主要建筑物,在方位确定后,在其视线所及,具备透视线,即可形成对景。所谓借景,即将一景点中景色引入到另一景点中,从而丰富景点的景致。计成指出借景的五种方式:远借、邻借、仰借、俯借、应时而借。并强调"俗则摒之,嘉则收之"的原则。

4.灵活布置,自然多趣

中国传统园林建筑多以"点"的形式出现,体量较小,较矮,个体建筑物的形状比较简单。因此,它们能够灵活地布置于场地之中,能够灵活地与园林其他要素相结合,追求"自然天成"的效果,同时,园林建筑与园林建筑、水景、山体等景色之间形成对景,相互映衬,形成自然多趣的园林景观。

5.围合空间,园中有园

以建筑、走廊、围墙相环绕,庭院内以山水、植物等自然题材进行点缀,形成一种内向、静谧的空间环境。建筑空间的组织、变化、层次、序列多以室内与室外相互结合的方式展开。其中,以四合院的形式来组织建筑空间是一种典型的方式。

二、案例素材

（一）颐和园

颐和园原名清漪园，位于北京西北郊，始建于乾隆十五年，历经 11 年，是我国著名的皇家山水园林。占地 2.9 平方公里，现存各式宫殿及园林建筑面积 7 万平方米。全园由万寿山和昆明湖组成。在万寿山上，采用北方皇家造园手法，按轴线南北布局，以寺院建筑、佛香阁为全园的视觉中心，建筑群落左右对称，南面沿湖长廊环绕。全园景区分成宫殿区、前山区、万寿山、后湖区、昆明湖区等几个景区。

宫殿区：东宫门前有两只大铁狮，门楼五开间，卷棚歇山式。入门有仁寿门坊，正中门框正好框住院内的石峰，名寿星石。人寿殿旧名勤政殿，是宫殿区主体建筑。宫殿区还有建筑玉澜堂、宜芸馆和乐寿堂等。

前山区：前山区最壮观的景点是长廊，东起邀月门，西至石丈亭，全长 725 米，273 间，依山面水，被称为天下第一长廊。廊上彩画内容十分丰富，有人物、山水、花鸟等各种彩画 8000 多幅。长廊构图并不单调，中间建有留佳、寄澜、秋水、清遥四座八角重檐亭，以排云殿为中心对称地开展，将万寿山的建筑连成一体，又成为山水之间的过渡。前山中轴的起点是三间四柱七楼木牌坊，名云辉玉宇，山坡至山顶建大报恩延寿寺，从山脚到山顶依次为：排云门、排云殿、德辉殿、众香界牌楼、无梁殿智慧海，层层升高，排列有序，气势巍峨，金碧辉煌。这种轴线布置、体量大、大组群建筑是任何私家园林所不能比拟的。佛香阁始建于乾隆年间，阁八面三层四重檐，通高 36.44 米，耸立于 20 米高的石台上，站在佛香阁上，便可鸟瞰全园的美景。佛香阁后是智慧海，是乾隆始建的砖石结构，不用梁架的承重建筑，俗称无梁殿，屋顶和四壁皆用五色琉璃装饰，嵌有无量寿佛 1100 尊。

后山区：后湖区是一条东西向的溪流，全长 1000 多米，街市 270 米，样式仿江南水乡街肆景观，但建筑却是北方传统店铺的形式，门面与牌楼结合，立面多为两坡，此街称苏州街。后山东部平地上建有谐趣园，是典型的园中园。从西面园门入，向北折东南下西回，依次为澄爽斋、瞩新楼、涵远堂、湛青轩、兰亭、小有天、知春堂、知鱼桥、饮绿、洗秋、引镜、知春亭。涵远堂为主体建筑，坐北朝南。万寿山西的平地，可见雄伟的宿云檐城关。

昆明湖区：昆明湖中筑有苏堤、西堤。西堤上建有界湖桥、豳风桥、玉带桥、镜桥、练桥、和柳桥。在练桥和柳桥之间，建有仿自岳阳楼的景明楼建筑群，三幢楼形成凸平面，中间重檐歇山顶，两侧重檐歇山卷棚顶，因形式过于相近，主次差别不大，并非佳作。湖边有清晏舫，舫上舱楼原为古建筑形式。但在英法联军入侵时，舫上的中式舱楼被焚毁。光绪十九年（1893 年），按慈禧意图，将原来的中式舱楼改建成西式舱楼，船体突出四个水龙头，每当大雨，楼

图6-2 仁寿殿（自拍）

图6-3 佛香阁（自拍）

图6-4 智慧海（自拍）

图6-5 苏州街（自拍）

图6-6 谐趣园宫门（自拍）

图6-7 涵远堂（自拍）

图6-8 知鱼桥（自拍）

图6-9 饮绿与洗秋（自拍）

图6-10 知春亭（自拍）

图6-11 宿云檐城关（自拍）

图6-12 豳风桥（自拍）

顶雨水从四角的空心柱流下，由龙口吐出，景色壮观。船体长36米，用巨大的石块雕砌而成。两层舱楼系木结构，但都油饰成大理石纹样。顶部用砖雕装饰，精巧华丽。南湖岛是昆明湖的精华，桥与岛真如海中神山。桥头建有重檐攒尖八角亭，名曰廓如亭。桥名十七孔桥，全长150米，是我国皇家园林中最长的桥，因有17孔而得名，桥体用花岗岩砌筑，两端左右有灵兽护卫，桥栏望柱立有500多只形态各异的狮。南湖岛上建有涵虚堂、鉴远堂、广润灵雨祠、月波楼、澹会轩等景点。出南湖岛往北，见一座城关高高矗立，下面砖砌城垛，中开拱门，上建三开间带周围廊、歇山重檐城楼，名曰文昌阁。

图 6-13 清晏舫（自拍）

图 6-14 廓如亭（自拍）

图 6-15 清晏舫（自拍）

图 6-16 文昌阁（自拍）

（二）启封故园

启封故园位于开封市朱仙镇北侧、开尉路以西、运粮河两侧，总建筑面积 80 多万平方米。项目规划分为古镇风情展示区、环湖风景游览区、温泉休闲度假区、古战场文化体验区、生态农家体验区、文化创意养生区、生态湿地体验区、生态林地观光区 8 个功能区。

启封故园的标志性建筑——启封楼，通体采用南非水胶木和太平洋地区的铁木，榫卯搭建而成。它宽 36 米，高 16.83 米，进深 11 米，为七门八柱结构，寓意启封故地千年古镇欢迎八方游客。是目前有迹可查的中国最大的牌楼，堪称中国第一大牌楼。

四面牌坊宽 10.8 米，高 11.43 米，进深 10.8 米。东面牌坊的匾额为漕运码头（背面匾额：商埠重镇），雕刻楹联"纳南吐北，千帆竞驶朱仙渡；卸东装西，万商蜂拥运粮舟"。南面牌坊匾额为豫剧之源（背面匾额：中州音韵），雕刻楹联"锣鼓梆子，五花八门蒋许门；生旦花脸，南腔北调祥符调"。西面牌坊的匾额为年画鼻祖（背面匾额：迎祥纳福），雕刻楹联"唐宋起兴，千家口碑垂金石；明清鼎盛，万户载道占鳌头"。北面牌坊匾额为朱仙大捷（背面匾额：精忠报国）。雕刻楹联"仰天长啸，三十功名尘与土；壮怀激烈，八千里路云和月"。

验粮楼，又名仰需楼。验粮楼是古代政府设在漕粮征收地的外派机构，负责将每年地方上缴的漕粮验收定级并登账入库。

状元桥，全长152米，桥面宽6米，历时十个月纯手工雕凿而成。所用石材均为五莲红，来自于有着"江北石材第一镇"之称的山东省五莲县桥头镇。

启封故园内景点甚多，还有潜龙桥、摆渡码头、启封客栈、及第阁、博弈广场、悬鉴楼、魁星街、鹊桥、凤仪桥、斗金坊等众多景点。

图6-17　启封楼（自拍）

图6-18　四面牌坊（自拍）

图6-19　验粮楼（自拍）

图6-20　状元桥（自拍）

图 6-21 潜龙桥（自拍）

图 6-22 摆渡码头（自拍）

图 6-23 启封客栈（自拍）

图 6-24 及第阁（自拍）

三、理论思考、实训操作及价值感悟

1. 中国传统园林建筑布局手法要点是什么？

2. 选取教材中或我国古典园林中的某一案例，对其园林建筑进行分析、评价。

3. 你是如何看待我国传统园林建筑的成就的？

第三节　现代园林建筑艺术

一、理论要点

（一）现代园林建筑简介

1. 温室

按照一定要求增温或降温，扩大窗棂以增加自然光照，以利于不适宜在露天存活植物生长的房屋，称为温室。温室有生产温室和观赏温室两大类。生产温室一般不对外，是内部进行生产栽培、科学试验用地；一般园林中设置观赏温室，有永久性的栽培或临时摆放一些观赏性较高或珍奇植物，供游人参观。也有的温室可供小型饮宴。温室常与苗圃结合布置，应选择地势高、通风良好、水源充足的地段。

2. 餐饮

餐饮建筑的基本功能是就餐、休息、交友访谈、赏景及文化活动等。其基址应选择对外交通便利、位置明显、便于游人到达、具有特色的地点，应因地制宜，既要考虑视线不能影响广大游人欣赏风景，同时亦便于吸引视线，成为被赏的景物。餐厅应考虑单独出入口，以方便运输。在园中所需能源和三废处理，都须保持清洁、安全。

园林茶室建筑是常见的园林餐饮建筑。其基本组成有：营业厅、备茶及加工间、洗涤间、烧水间、储藏间、办公与管理室、厕所、小卖部、杂物院及游人洗手处等。目前，茶室的种类颇多，有文化茶园、曲艺茶园、音乐茶室等，可按不同类型茶室增减其组成部分。

3. 店铺

公园中为游人服务的商店，主要功能是满足游人在游园时临时的购物、饮食等方面的需求，经营内容丰富，可以为食物、饮品、土特产、旅游工艺纪念品等。店铺规模大小主要依据公园性质和经营商品而定，由一个小卖亭至几间铺面房组成的综合性商铺都有可能。店铺除提供商业用途外，还要满足游人赏景及休息的需要。其形式要与环境协调，不可过分装饰显眼，又要使游人容易辨认。店铺的设置宜疏密有致地分布在全园各处，一般常设立于主干道之侧，尤其在游人必经之处及游人量较大的地方更应设置，不但可以满足游人需要，还具有一定的经济效益。

4. 洗手间

洗手间的位置应均匀分布，既有一定的隐蔽性，又容易找到，外部造型简洁，有别于游览建筑。

5. 园门

进入园林或景区之间设置出入口的标志。园门的设计应具有可识别性、地域性，形式多样，不拘一格。

6. 花架

是以绿化材料作顶的廊，可以供歇足、赏景，在景区布置中可以划分、组织空间，又可为攀缘植物创造生长的生物学条件。花架可以单独设置，也可与建筑相接。

花架设计要点：

（1）花架在绿荫掩映下要好看、好用，在落叶之后也要好看、好用。因此，应注意比例尺寸、选材和必要的装修。

（2）花架体型不宜太大。太大了不易做得轻巧，太高了不易荫蔽而显空旷，尽量接近自然。花架高度从花架顶至地，一般为2.5—2.8米即可，太高了就显得空旷而不亲切；花架开间不能太大，一般为3—4米。

（3）花架的四周，一般都较为通透开敞，除了作支撑的墙、柱，没有围墙门窗。花架的上下（铺地和檐口）两个平面，也并不一定要对称和相似，可以自由伸缩交叉，使花架置身于园林之内，融汇于自然之中。

7. 露天表演场

在室外有舞台和观众席，进行各种表演的场地。其规模和形式多种多样。其位置应靠近园内主要道路，出入方便，并应适当布置广场。露天剧场布置时应结合地形，展览馆应考虑展览场地的位置。

8. 园林管理建筑

园林管理建筑不为游人直接使用，一般布置在园内僻静处，设有单独出入口，不与游览路线相混杂，同时考虑管理方便，但应与展览温室、动物展览建筑等有方便的联系。

9. 码头

水边停靠船舶、上下游客的岸边建筑。码头的大小、形式主要根据游船的形式、数量而定，水的涨、落、水位和水深对之也有影响。中国古典园林中只有少量画舫使用的码头，所以位置和规模不是很明显。在现代公园园林中码头规模有的很大，能停靠大船，也能存放不少的游船，有多层台阶，能适应水位涨落，还有小型建筑供管理人员使用。

（二）现代园林建筑布局原则

1. 满足功能要求

园林建筑的布局首先要满足功能要求，包括使用、交通、用地及景观要求等，必须因地制宜、综合考虑。

2. 满足造景需要

对于有明显的游览观赏要求的，其使用功能应从属于游览观赏。对于有明显的使用功能要求，其游览观赏应从属于功能。而对于既有使用功能要求，又要有游赏要求的，则要在满足功能要求的前提下，尽可能创造优美的游览观赏环境。

3. 满足与整体环境协调

把园林建筑与自然因素相协调，是取得园林景观整体美学效果的关键之一，是园林建筑布局的主要原则。常采用"化大为小、融于自然"、室内外相互渗透、建筑掩映于植物之中的处理手法，达到园林建筑与自然环境有机结合的效果。

4. 满足空间序列的需求

在园林建筑设计中应注意空间序列的变化，使空间能够彼此渗透，增添空间层次。

二、案例素材

（一）泰禾·南京院子

泰禾·南京院子地处南京文化发祥地——城南传统民居风貌保护区，项目位处"国府中轴"中山南路，开窗临内秦淮河，夫子庙近在咫尺，新街口步行可达。泰禾·南京院子项目所处地块，旧为明清两代织染云锦之所在，古称颜料坊，是南京古城再生的核心地块，占地面积约为4.17公顷。由泰禾集团开发，深圳奥雅设计股份有限公司设计，于2016年建成。

南京院子取法三坊七巷，营制"一河两街七坊八巷"的创新坊巷格局，拓宽了坊巷之间的幽深意境，为当代中国传统围合建筑增添完美注脚。各坊巷以吉祥寓意的绿植和云锦八大色系为主题精心营造，表达院子的诗意气韵和雅致意境。在示范区的整体景观布局上，一轴以景亭为核心，以草地和水景观景台为轴线展开；另一轴以戏台观景台为轴线展开布局。具有中式韵味的景亭位于入口广场处，其形取自于寄畅园华孝子祠，为整个示范区的精神源头所在。外形寓意方正不阿的精神面貌的同时表达引秦淮之水，寄文人之所托。南京作为昆曲的母源，曲艺的兴盛基于原本极具特征的地域文化。示范区的戏台设计继承了秦淮河两岸的悠扬情调，水上舞台对面设计下沉式观景平台，营造泛舟秦淮的体验。

图 6-25 泰禾·南京院子园林建筑艺术（引自：金盘网）

来源：https://www.kinpan.com/detail/index/201706061604437656625077ffb62a3d

（二）郑州绿博园

绿博园区位于郑州市区以东郑汴产业带白沙组团与官渡组团之间的生态绿化防护带内，万三路（规划的新 107 国道）以东，中央大道（郑汴物流通道）以南，规划设计立足生态性，注重示范性，拓展休闲性，彰显文化性和科技性，融入了绿色生命、绿色生活、绿色经济、绿色家园和绿色科技的理念，充分体现"让绿色融入我们的生活"的主题。郑州绿博园现今已经成为国家 4A 级旅游景区。绿化景观结构分为"一湖、二轴、三环、八区、十六景"，园林建筑种类丰富，形式多样。

图 6-26 郑州绿博园园林建筑艺术（自拍）

三、理论思考、实训操作与价值感悟

1. 现代园林建筑设计要点有哪些？

2. 案例素材中现代园林布局原则在园林景观中是如何体现的？

3. 现代园林建筑中对中国传统园林建筑要素的提取有哪些？

第四节　园林建筑与其他园林要素

一、理论要点

（一）园林建筑与地形

园林建筑的设计受到地形的制约，地形会影响园林建筑和环境之间的观赏和功能关系以及排水。中国园林建筑与山体布局，讲究随形就势，或立于山巅，或鞍于山脊，或伏于山腰，或卧于峡谷。高架在山顶，可供凌空眺望，有豪放平远之感，亦可成为标志性建筑；布置在水边，有"近水楼台"、漂浮水面的趣味；隐藏在山间，有峰回路转、豁然开朗的意境；布置在曲折起伏的山路上可形成忽隐忽现的景观；布置在道路转折处，可形成对景，吸引和引导游人游览。即使在同一基址上建同样的园林建筑，不同的构思方案，对基址特点利用不同，造景效果也不大相同。利用山地创造各种台地，建筑和游廊穿插于台地上，使游人的视角不断变化。

（二）园林建筑与水体

园林建筑与水体布局，讲究建筑与水体相互依存，以满足人的亲水性心理需求，同时产生活泼、轻快的效果，利用水中倒影，增加空间感，构成虚实对比的美妙图画。园林建筑可布置在水体之中或孤岛之上，如湖心亭；可建于水边依岸而作，面向水域，如水榭；可横跨水面之上，有长虹卧波之势，如桥亭、桥廊、水阁等。

（三）园林建筑与植物

园林建筑的建造应在最大限度地保护生态环境的前提下，将建筑物修建在树林和森林中。园林建筑与植物布局，讲求情景交融，呈现四时之景，展示时序景观与空间变化，如拙政园的"荷风四面亭"、狮子林的"向梅阁"、留园的"荷花厅"。园林建筑的线条、形体能与植物形成对比，同时园林植物还可以加强园林建筑体形的感觉。

二、案例素材

（一）成都首开·龙湖·紫宸

成都首开·龙湖·紫宸位于成都主城区西二环外延，紫宸的景观内核来自历史悠久的蜀地文化，表现手法却是现代精炼的。设计以成都"浣花溪"为主题，打造以"一溪一潭、一湖一树"为文化意境的当代蜀地诗意溪居。全园以溪为轴，蜿蜒曲致、虚实相生，串联两处大中庭。

图 6-27　成都首开·龙湖·紫宸建筑与其他园林要素（引自：金盘网）

来源：https://www.kinpan.com/detail/index/20180719110023121 7909a818e4ed75

以凝练的手法写意溪之幽、湖之远，描绘自然水景的灵动与静深。轩堂零星点缀园中，伫于最恰好的观景点，居者在其中会客……

（二）拙政园

拙政园位于江苏省苏州城内东北街。全园78亩，分成东、中、西三部分，其中中部为全园精华。三部分各有特色：中部水景，东园开敞，西园曲奥。园内亭、廊、楼、轩、堂、舫等古典建筑种类繁多，布局巧妙，与自然巧妙结合。

东园入口为兰雪堂，面阔三间。堂名取自李白的"独立天地间，清风洒兰雪"。堂南植白皮松两株，堂北立太湖石两峰，妙在水边观峰成船形。芙蓉榭在兰雪堂东北，卷鹏歇山，临池而设，榭内设通花洞罩，依榭可观池中喷泉、木船、稻草人。秫香馆是东园最大建筑，面阔五间。秫是高粱，表明高粱飘香。东部中心为水池，水池中设一岛，岛上用湖石筑山，山顶有亭，据亭可放眼山下四周，故名放眼亭。亭立于山巅，卷棚歇山，亭名取自白居易"放眼看青山"之意。东园西南角，有亭名涵青。东园水池西面为复廊，廊中有半亭依墙，名为东半亭。

中园东部为几个院落，其中枇杷园和海棠春坞是中部的园中园。枇杷园环园用青瓦白墙如龙行蛇走，云墙于过道口设洞门，从月洞门中南望，嘉实亭入眼，北望，雪香云蔚亭迎面。枇杷园正中卷棚歇山长方亭，名玲珑馆，因苏舜钦诗"秋色入林红黯淡，月光穿竹翠玲珑"而得名。馆外钟竹若干，置石几许。听雨轩在院南，种竹及芭蕉若干以期听雨打芭蕉。海棠春坞在枇杷园园北，为另一小院，院中种植海棠、翠竹，置湖石，围曲廊，春花烂漫。远香堂是拙政园主体建筑，面阔三间，歇山顶，坐南朝北，北临水池，南为假山，东北为绣绮亭，西邻倚玉轩。前面临池的观景平台，舒展大方，是苏州园林主体建筑前厅的典范。绣绮亭又名小南轩，中国人把竹、石当玉，因此轩边植竹种石。小飞虹是苏州唯一的廊桥，石梁三跨，如玉虹横卧。湾角处设阁名小沧浪，面阔三间，横跨水面，东西亭廊。小飞虹旁又得真亭，典出《荀子》"松柏，经寒冬而不凋，蒙霜雪而不变，可谓得其真矣"。亭内悬挂一镜，原种又松柏，但已不在，改为竹林，通过镜子的照映，达到扩展空间的效果。香洲，谐音香舟，它是画舫的真实写照，集台、阁、楼、亭为一体，船头为台，船舱为亭，内舱为阁，船尾为楼。船头有雕刻精美的八角落地罩，舱中两侧为船式和合窗，前中舱加船舷和坐槛。玉兰堂为三间明式厅堂，又名笔兰堂，四周回廊，南墙筑花台，植白玉兰、竹、天竺，点湖石数个。中部池中有三岛，西岛东北角建见山楼，重檐歇山顶，楼上借景，楼下书房，厅前坐槛，左右月门，南北长窗，四周回廊，楼名取自陶渊明的"采菊东篱下，悠然见南山"。中岛西端平地建荷风四面亭，亭四面荷香，旁植细柳。柳树为春景，荷花为夏景，水景为秋景，山石为冬景，四季皆宜，四季皆景。中岛东面堆土为山，点石其间，构亭于顶，名雪香云蔚亭，成为全园最高处和中心位置。雪香指蜡梅，云蔚指密林。东岛筑山立亭，亭名待霜，六角攒尖顶，亭旁种有古树、竹子与柑橘。中部东边有框景亭，名曰梧竹幽居，是中国多面框景的杰出代表。亭四面开剪景洞门，收取亭外四面景色，亦可在对角线上同时望两个月洞门的框景。

中西两部以复廊相隔。复廊因跨于水上，又名水廊。廊中间突出方亭，成为钓台。三十六鸳鸯馆和十八曼陀罗花馆为一座鸳鸯厅，即前后用屏风将建筑分成南北两厅，四面窗格嵌菱形蓝白花玻璃，四角加耳室，国内仅此一例。两宜亭介于中部和西部界墙的山石上，东西皆可得景因而得名。西部以曲水为特色，曲水做成水湾高濠式。濠上有塔影亭，八角攒尖顶，四周堆湖石成堤道，人称水假山，亭影入水池，两岸皆可观。曲水北去，临水建有留听阁，四面为花玻璃窗格，窗下设坐槛。曲水北去东折，池北有湖石假山，山上建阁于巅，阁顶出林如浮翠。

阁南池中有岛，建有笠亭，形如笠帽，取自《诗经》"何蓑何笠"之意。西部最北为二层的倒影楼，远望而见楼之水中倒影，语出"鸟飞天外斜阳尽，人过桥边倒影来"。

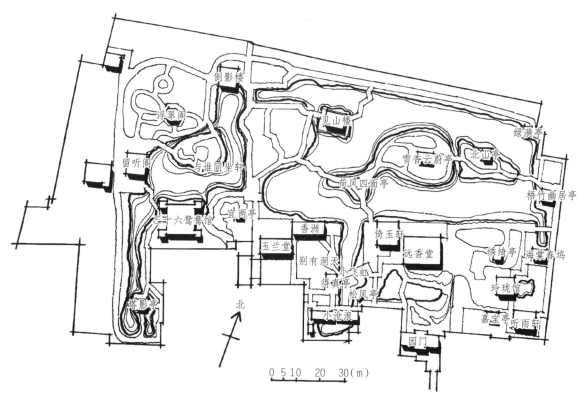

图 6-28　拙政园建筑布局图（张献丰绘制）

图 6-29　见山楼（自拍）

图 6-30　笠亭（自拍）

图 6-31　香洲（自拍）

图 6-32　小飞虹（自拍）

图 6-33　浮翠阁（自拍）

图 6-34　梧竹幽居（自拍）

三、理论思考、实训操作与价值感悟

1.园林建筑与地形有何关系？

2.园林建筑与水体有何关系？

3.园林建筑与植物有何关系？

4.拙政园园林建筑布局的案例中，是如何体现我国天人合一的设计思想的？

第五节 园林小品艺术

一、理论要点

园林小品是指在园林中能够提供休息、照明、展示、装饰以及方便游人使用的小型建筑设施，一般造型别致、体量小巧。园林小品的功能主要有实用功能和装饰功能。

（一）座椅

座椅设计要充分运用人体工程学原理并有所针对性。座椅的长度不限，一人的容宽60厘米，两人的椅子至少长120厘米。座椅应选择较软的材料、木头或结实的垫子。椅子一定要稳当，没有突出的椅子腿，要减少老人绊倒的可能性。

座椅的布置需要精心规划，应在考虑具体环境及游人交谈的基础上进行。因此要根据周围环境，选择不同的座具形式以促进人与人间的交往。另外，还要注意轮椅老人与座椅之间的关系，以利于轮椅老人和他人的交谈（如图6-36）。再者，在场地中适当提供一些轻便、可移动的座椅，可让老年人把座椅随意安放在阳光或阴影中，或根据不同亲密程度的距离进行摆放。公园中应布置不同朝向的座椅，以供老人在不同季节、不同时段、不同天气下选择。

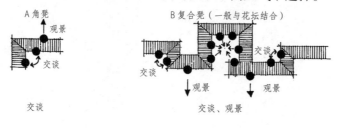

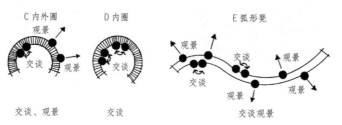

图6-35 适合交谈的坐具平面形式（张献丰 仿绘《适宜老年人的公园绿地建设研究——以南京市为例》）

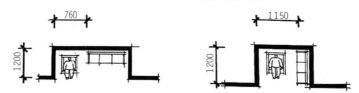

图6-36 无障碍设计与座椅设计（张献丰 仿绘《老年居住环境设计》）

（二）桌子

桌子是游人常利用的设施，公园中应提供各种形状和尺寸的桌子以供游人使用。桌子的设计要充分运用人体工程学原理。同时还应注意桌子放置位置的可达性，以利于游人使用。桌子要稳固，桌腿不应突出于桌面范围以外。

（三）饮水器

饮水器的设置，不仅要考虑成年人的使用，还要考虑儿童、老人及残疾人的使用。坐轮椅者使用的饮水器尺度如图所示，且开头控制要简单，无须抓紧或扭动。

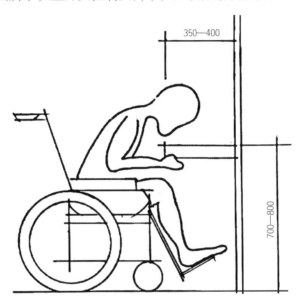

图6-37 供轮椅使用者的饮水器（张献丰 仿绘《城市无障碍环境设计》）

（四）信息识别系统

这类标志可做得美观有新意、与环境相融且有指示作用。对于视觉引导标志，文字应大且与背景之间有足够的对比；标志的设计应与背景界限清楚，图形宜闭合完整、简单明了，图意对应一致，且标志的颜色多用红色等暖色；标志物的表面材料应耐久、无反光；夜间有照明，以便识别。

无障碍标志牌和图形的大小应与观看的距离相匹配，规格为10厘米×10厘米至40厘米×40厘米。由于视觉残疾者对环境的感知基本上是通过触觉和听觉进行，因此公园绿地中应设置视觉残疾者使用的触觉地图、盲道及导盲声体、触觉信号、墙面上的图形和特殊的导像装置等。

（五）扶手

扶手可为游人提供实际和感觉上的安全感。它应设置在高差变化的地方，且扶手至少要延长 30.5 厘米。根据 ADA 的标准，扶手应该距离地面 86 厘米—96.5 厘米高，且最好设两排扶手，其中一排高约 66 厘米。扶手应方便抓握，绝不应有锋利的边缘和毛刺，其材料要不受天气的影响，比如金属在雨天变冷变滑，阳光下又会变热。应考虑使用塑料或乙烯表面的扶手。

（六）垃圾箱

垃圾箱是园林中必不可少的卫生设施，既具有使用功能，又是园林环境的点缀。造型要求独特轻巧，并要方便丢弃垃圾和回收垃圾。其形式有固定型、移动型、依托型等。垃圾箱的设计应根据人们的使用频率、垃圾倒放的多少、倒放的种类与清洁工清除垃圾的次数等确定它们的容量和造型，并考虑垃圾箱的放置位置。

（七）园灯

园灯既可用来照明，又可装饰、美化园林环境，指示和引导游人，丰富园林的夜景，并突出组景重点，有层次地展开组景序列，勾画园林轮廓。特别是临水园灯，衬托着涟漪波光，别具一番风味。

园灯可分为三类：第一类是纯属引导性的照明用灯，使人循灯光指引的方向进行游览，因而在设置此种照明灯时应注意灯与灯之间的连续性；第二类是组景用的，如在广场、建筑、花坛、水池、喷泉、瀑布以及雕塑等周围照明，特别用彩色灯光加以辅助，则使景观比白昼更加瑰丽；第三类是特色照明，此类园灯并不在乎有多大照明度，而在于创造某种特定气氛。如我国传统庭园和日本庭园中的石灯笼，尤其是日本庭园中的石灯笼，已成为日本庭园的重要标志。杭州西湖"三潭印月"，每当月明如洗，亮着的三个葫芦形石灯在湖面上便会出现灯月争辉的奇异景色。北京颐和园内乐寿堂的什锦灯窗，给昆明湖的夜景平添几分意趣。在现代庭园中也有这类灯的应用：如广州矿泉别墅庭灯，海珠花园庭园石灯和中山纪念堂新接待室庭灯。

园灯的造型不拘一格，凡具有一定装饰趣味，符合园林风格及使用要求，均可采用。但其造型布局与所处的环境必须协调统一。如江南古典园林中常用传统的宫灯表现其环境的精细典雅，但在现代城市广场中，则应选择造型简洁质朴的灯，表现其开阔明朗的特征。同一庭园中除作重点点缀之庭灯外，各种灯的格调应大致协调。根据不同的环境、位置及审美要求，选择园灯的造型、亮度、高度、色彩，以及制作材料，是园灯设计的基本要求。在室外作远距离欣赏，或观赏光的效果的灯，造型宜简洁质朴，灯杆的高度与所在空间的景物要配置恰当。位于室内装饰灯具有近观性质，因而要求造型精巧富丽。诸如我国传统的宫灯、花灯、诗画灯、彩灯和现代的壁灯和吊灯等。

（八）景墙

景墙的造景作用不仅以其优美的造型来表现，更重要的是以其在园林空间中构成和组合中体现出来，我国园林空间变化丰富，层次分明，各种园林墙垣穿插园中，既分隔空间，又围合空间；既通透，又遮障，形成变幻莫测的园林空间。有的开敞，有的封闭，各有风韵。园林墙垣可分隔大空间，化大为小，又可将小空间串通迂回，小中见大，层次深邃。

景墙也可独立成景，与周围的山石、花木、灯具、水体等构成一组独立的景物。

（九）栏杆

栏杆在园林中，除本身具有一定的保护作用外，也是园林组景中大量出现的一种重要小品构件和装饰，同时它还可用于分割不同活动内容的空间，划分活动范围以及组织人流。

栏杆式样繁多，不胜枚举。形式虽多，但造型原则基本一致，即：增加主体美观；甘当配角，绝不喧宾夺主；所选式样应与环境协调。若主体简单，栏杆式样可复杂些，反之，则力求简单。

栏杆的高度要因地制宜，要考虑功能的要求，但不能简单地以高度来适应管理上的要求。悬崖峭壁、洞口、陡坡、险滩等处的防护栏杆的高度一般为1.1—1.2米，栏杆格栅的间距要小于12厘米，其构造要粗壮、坚实。台阶、坡地的一般防护栏杆、扶手栏杆的高度常在90厘米左右。设在花坛、小水池、草坪边以及道路绿化带边缘的装饰性镶边栏杆的高度为15—30厘米，其造型应纤细、轻巧、简洁、大方。用于分割空间的栏杆要轻巧空透，装饰性强，其高度视不同环境的需要而定。与此同时，还应意识到栏杆的高矮可作为量度空间尺度的标准，起调节空间尺度的作用。苏州园林中游廊的槛墙都很矮，一方面方便游人坐息（即坐凳式护栏），另一方面用来控制廊高的空间尺度。由于槛墙矮小，才显得廊很高。有时为安全起见，栏杆必须有一定的高度，为了不因这一尺度破坏整个庭园空间的比例，我国传统园林中都采用把栏杆与坐凳结合的美人靠，把栏杆从水平方向一分为二，从而使一大变成二小，亦达到了控制尺度的作用。

栏杆与建筑的配合，要注意与建筑风格的协调，且能与建筑物其他部分形成统一的整体，宜虚则虚，宜实则实，还要注意主次分明。

栏杆的形式和虚实与其所在的环境和组景要求有密切的关系。临水宜多设空栏。避免视线受过多的阻碍，以便观赏波光倒影、游鱼禽鸟及水生植物等。水榭、临水平台、水面回廊、平水面的小桥等处所用的栏杆即属之。高台多构筑实栏，游人登临远眺时，实栏可给人以较大的安全感。由于栏杆作近距离观赏的机会少，可只作简洁的处理。若栏杆从属于建筑物的平台，虽位于高处，也须就其整体的构图需要加以考虑。

（十）标牌

能够表明某处具体地点和内容或带有指示方向的牌匾。在园林中特别是内容丰富的大型公园、植物园、动物园，需要指明去各游览点的方向，需要在门口、道路交叉口适宜位置设置。标牌要指示明确、具体、美观。

二、案例素材

（一）合景泰富佛山泷景

泷景 10 号，融汇新亚洲风格的高品质别墅区，由合景泰富开发，深圳奥雅设计股份有限公司设计，于 2017 年建成。以浓厚的亚洲文化为根基，回归自然本真的生活环境，融入现代舒适优雅的现代生活需求，以精练的手法锻造品质生活。

大门采用仿木色氟碳漆，尽显内敛庄重却又不失雅致；景墙采用的则是米黄色洞石，有趣的是颜色上的细节，利用颜色微差的石材表现出了简约而又大气的拼接艺术风格，营造出了丰富且有层次的视觉效果，奠定了整个项目优雅的质感与设计风格。从门廊走入，映入眼帘的就是中心水景，倏然落下的两片叶子停在了水中便在此成了一处雅致。水底的灯光射在汩汩流动的小泉上，粼粼的波光映在金属叶子的脉络而水面又映出叶子的倒影，二者交相辉映带来了一处盎然的水趣。公共空间有多个户外会客厅。或约三五好友在此闲话人生，或独坐小园，看林间草木葱葱，花香徐来，尊享悠闲的花园休闲生活。精心设计的精神堡垒、公共艺术小品、灯带无不散发出浓浓的艺术氛围与生活的品质感，可谓是个个设计精巧造型独特，令人感到妙趣横生。

图 6-38 合景泰富佛山泷景小品艺术（引自：金盘网）
来源：https://www.kinpan.com/detail/index/2018091211123480182323848812ee83

（二）深圳人才公园

人才公园地处深圳市南山区后海片区，毗邻深圳湾超级总部基地，与深圳湾滨海休闲带相连，占地面积 77 万平方米，其中湖体面积 30 万平方米。

公园通过将大量的人才元素融入自然景观的方式，打造出内涵丰富、景观多元的现代化滨海公园，并与 15 公里深圳湾滨海长廊相呼应，组成一幅景观错落有致、层次分明的滨海风景画。

图 6-39 深圳人才公园小品艺术（董明涛拍摄）

三、理论思考、实训操作及价值感悟

1. 园林小品的设计要点有哪些？

2. 用自己的话阐述一下，你认为实现园林小品创新设计的方法有哪些？

3. 请坚持创新精神，设计 1—3 个有创意的园林小品。

4. 分析人才公园是如何通过建筑表达"人才"这一主题的。

学法指导

学习目标

1.知识目标

（1）能够用自己的话说出园林植物的功能。

（2）能够依据园林植物形态特征进行乔、灌、藤的分类。

（3）能够根据不同园林植物的形态观赏特性列举3—5种园林植物。

（4）能够阐述中国传统吉祥植物文化内涵、分类及其应用。

（5）能够列举园林植物的配置方式及基本技巧。

2.能力目标

（1）能够运用园林植物功能指导植物景观创作，分析园林植物景观设计的作用。

（2）能够合理选择并运用20—30种园林植物形态观赏特性，打造园林植物景观。

（3）能够以一个古典园林为例用自己的话分析中国传统吉祥植物文化在其中的运用与体现。

（4）能够合理运用园林植物配置技巧，打造园林植物景观。

3.情意目标

（1）能够感受园林植物之美，追求自然环境之美，内化追求美好生活的价值观。

（2）能够认同绿水青山就是金山银山的生态理念，内化爱护环境的美德。

学习重点

1.能够指出不同园林植物的形态观赏特性。

2.能够分析中国古典园林中传统吉祥植物的文化内涵及其应用，并能在植物景观设计创作中具有植物文化内涵表达的意识。

3.能够依据园林植物的配置方式及丛植、林植等基本技巧，进行植物景观创作。

情意培养

1.观察不同园林植物的观赏特性，感受自然之独特及自然美。

2.拍摄园林植物景观的美景，认同生活的美好。

3.从城市环境及自然环境的角度，比较自己所在城市近十年的变化与发展，认识、内化绿水青山就是金山银山的生态理念。

第一节 园林植物的功能

一、理论要点

（一）生态功能

1. 保护、改善环境

园林植物保护和改善环境的功能主要表现在净化空气、净化水体、净化土壤、通风防风、杀菌、水土保持、防火、减弱噪音、改善小气候等多个方面。

（1）净化空气。植物通过维持二氧化碳和氧气的平衡、滞尘、吸收有毒气体、吸收放射性物质达到净化空气的效果。

（2）净化水体。植物净化水体的作用是通过植物吸收水中污染物并加以利用，且植物的分泌物能够杀菌或者将有害污染转化成有益物质，植物的存在有利于硝化、反硝化细菌的生存的途径实现的。

（3）净化土壤。植物净化土壤的作用是通过根系吸收土壤中的有害物质和植物分泌物具有杀菌并促进有益微生物生长的途径实现的。人们利用植物的这种特性，通过"植物修复"技术治理土壤的污染问题。"植物修复"技术的具体操作是将某种特定的植物种植在污染的土壤上，而该种植物对土壤中的污染物具有特殊的吸收、富集能力，将植物收获并进行妥善处理（如灰化回收）后可将该种污染物移出土壤，达到污染治理与生态修复的目的。

（4）通风防风。通风是通过设置风道引导新鲜凉爽的空气进入场地内，提高环境的舒适度。防风是利用防风林降低风速，阻挡风沙或海风的侵袭。另外，防风林的方向和位置还可以促进气流的运动，改变风的方向。在干旱、风沙比较大的地区还可以利用植物进行防风固沙，阻止沙丘的移动，避免土地沙化。

（5）杀菌。某些植物的分泌物具有杀菌作用。绿叶植物大多能分泌出一种杀灭细菌、病毒、真菌的挥发性物质。

（6）水土保持。植物的水土保持作用主要通过树冠截留雨水、减少地表径流、加强水分下渗的途径实现。树冠截留雨水指降水顺着枝干流下，减弱降水对地面的冲刷，枝干截留一部分降水，并蒸发回大气。减少地表径流指根系固紧土壤颗粒，枯枝、落叶、苔藓等地表覆盖物吸收水分。加强水分下渗指改变土壤理化性质，增强土壤保水能力。

（7）防火。有些植物具有含树脂少、不易燃、萌芽力强、分蘖力强等特点，而且着火时不会产生火焰，人们利用这些植物在容易起火的田林交界、入山道路等处营造生物防火林带，从而达到防火的目的。

（8）减少噪音。植物枝叶具有反射能力，能够阻止声波穿过，从而达到减弱噪音的效果。

（9）改善小气候的作用。植物改善小气候体现在通过遮阴、避免阳光直射而降温，通过蒸腾作用增加空气湿度而增湿，通过通风和防风而影响风速，通过增加空气中负氧离子浓度而杀菌、净化空气。

2. 环境监测与指示

植物对污染物的抗性有所差异，有的植物对某种污染物十分敏感，有些植物对某种污染物的抗性较强。人们利用植物对污染物的敏感性来监测环境的污染状况，从而达到监测与指示环境的目的。人们将那些对环境中的一个因素或某几个因素的综合作用具有指示作用的植物或植物群落称为指示植物。

（二）空间建筑功能

园林植物类型有乔木、灌木、藤本、草坪地被之分，其高低、大小、形态、色彩、质感、肌理等又有所不同。应用园林植物以上特性，对其进行不同的配置组织，可以达到创造空间、组织空间、扩展空间的功能。园林空间有开敞空间、半开敞空间、半封闭空间、封闭空间四种类型，通过园林植物的高低、疏密、远近等可创造出不同类型的空间，同时利用植物将不同的园林空间进行有效的串联与组织，给人以空间上的连续感。在室内外空间分界处，利用植物构筑过渡空间，可以拓展建筑空间。

（三）美学功能

植物具有美化环境的功能，主要体现在植物的造景功能、统一和联系功能、强调和标示功能、柔化功能四方面。植物的造景功能主要表现在塑造植物景观，使其在园林中成为主景；或是通过植物引导游人视线，形成障景、引景、框景和透景。植物的统一和联系功能是指通过植物景观的塑造使得两个无关联的元素在视觉上联系起来，形成统一的效果。植物的强调和标示功能是指某些植物具有特殊的外形、色彩、质地，使其成为视线的焦点，起到强调和标示作用。植物的柔化功能主要是利用植物的造型柔和，较少棱角，颜色多为绿色，令人放松的特性，在建筑物前、道路边沿、水体驳岸等处种植，起到柔化的作用。

二、案例素材

（一）日本神户太阳城公寓

该项目坐落在神户海边的一个街区林荫大道上，紧邻兵库县的全州艺术博物馆及其他几个国家博物馆。这个 500000 平方英尺的综合体（Sun City Kobe Tower）通过对细节和便利设施的关注设计，为老年人提供了终极的生活体验，充分发挥植物的生态、美学及建筑功能，创造了一个充满活力的宜居社区。该项目建筑围绕在庭院周围，因此总体景观设计概念是融合城市和山脉，而非简单地设计建筑分隔开的松散的单个花园。本方案利用植物景观的统一与延续，将零散的空间有机地融合在一起，同时使建筑、室内设计与景观环境相融合，创造了一个无缝融合的整体环境。如接待处、图书馆、活动室、茶室和楼下大厅都能看到一片甘美的花园绿洲等。

图 7-1　日本神户太阳城公寓（引自 mooool 网，Steve Hall 拍摄）
来源：https://mooool.com/sun-city-kobe-tower-by-richard-beard-architects.html

（二）泰国曼谷高层住宅区景观

该项目位于泰国曼谷巴吞湾区鲁比尼维塔尤路 1 号，由 Landscape Tectonix Limited 与 REP x ATOM x D+S x TECTONIX 合作完成景观设计，于 2019 年建成。项目全面贯彻 "在设计中优先考虑保护自然生态遗产" 的景观设计基本原理，对场地内的菩提树进行了有效保护，使所有的菩提树都被很好地整合为新花园的一部分，创造了一个与自然和谐相处的独特花园景观。新花园里有各种植物、一大片开阔的草坪和绿地，成了城市区域内的 "城市绿洲"。这座独一无二的花园为生活在一个繁华的曼谷 CBD 的 wireless 道路上的 Life One Wireless 的居民带来了绝对的宁静和最大的隐私。

凉亭设置于水景旁，水景能降低室外温度，并在封闭的环境中加强听觉感受。植物设计旨在利用不同高度的成熟常绿乔木群来加强尺度感，利用中小型乔木提升视觉品质和私密性，利用多种灌木和地被植物来提升软景度。半室外大厅后有一个优美的衬景，为了达到预期效果，从超过15米高的大树到几米高的小乔再到开放草坪上的灌木丛，都经过精心地组合和设计。位于10层的"梯级花园"被巧妙地设计为城市庇护所，居民可以呼吸新鲜空气，在林间漫步，并在绿荫环绕的地方尽情体验大自然带来的感官享受。在硬景构成的空间结构中，精心搭配的植物不仅能带来一系列的体验、视觉美感还有花园的生态功能。

图7-2　鸟瞰图（引自mooool网，Mi metipat拍摄）

图7-3　凉亭（引自mooool网，Mi metipat拍摄）

图7-4　半室外大厅(引自mooool网,Mi metipat拍摄)

图7-5　阶梯花园(引自mooool网,Mi metipat拍摄)

图 7-6　其他植物景观（引自 mooool 网，Mi metipat 拍摄）

来源：https://mooool.com/life-one-wireless-by-landscape-tectonix-limited.html

三、理论思考、实训操作及价值感悟

1. 阐述园林植物功能。

2. 能够对案例中的园林植物功能进行分析。

3. 选取你所在城市的一个公园、广场、居住区或滨水地带的植物景观，对其植物景观的功能进行分析。

4. 你是如何理解植物的生态作用对环境的影响的？

5. 你了解绿水青山就是金山银山的生态理念么？从城市环境及自然环境的角度，比较自己所在城市近十年的变化与发展，谈谈你对金山银山的生态理念的理解。

● 第二节　园林植物分类及其形态观赏特性

一、理论要点

（一）植物的分类

1. 依据形态分

园林植物依其外部形态分为乔木、灌木、藤本植物、花卉、草地植物、水生植物等。

乔木具有体形高大、主干明显、树干与树冠有明显区别、分枝点高、寿命长等特点。根据其体形高矮有大乔木（20 米以上）、中乔木（8—20 米）和小乔木（8 米以下）之分。根据一年四季叶片脱落状况又可分为常绿乔木和落叶乔木两类：叶形宽大者，称为阔叶常绿乔木或阔叶落叶乔木；叶片纤细如针状者则称为针叶常绿乔木或针叶落叶乔木。乔木是园林中的骨干植物，对园林布局影响很大，在园林功能或艺术处理上都能起到主导作用。

灌木没有明显主干，呈丛生状态。一般体高2米以上者称为大灌木，1—2米为中灌木，不足1米者为小灌木。灌木也有常绿灌木与落叶灌木之分，有观花类、观果类、观枝类等。主要作下木、绿篱或基础种植，用于分隔和围合空间。

藤本植物是指各种缠绕性、吸附性、攀缘性、钩挂性等茎枝细长难以自行直立的木本植物。藤本不能自立，必须依附于其他物体上，亦称攀缘植物。藤本有常绿藤本与落叶藤本之分。常作为花架凉棚、篱栅、岩石、墙壁等的攀附物，以增加立面艺术构图效果。

花卉是指姿态优美、花色艳丽、花香郁馥、具有观赏价值的草本和木本植物，通常多指草本植物而言。根据花卉生长期的长短及根部形态和对生态条件的要求可分为：一年生花卉、二年生花卉、多年生花卉（宿根花卉）、球根花卉等。花卉是园林中作重点装饰的植物材料，多用于园林中的色彩构图，常用作强调园林出入口的装饰，广场的构图中心，装饰小品及公共建筑附近的陪衬和道路两旁、树林边缘的点缀，在烘托气氛、丰富景色方面有独特的效果。

草地植物是指园林中用以遮盖地面的低矮草本植物，形成草地或称草坪，是园林艺术构图的底色和基调，能增加园林构图的层次感，是供游人观赏、露天活动和休息的理想场地。

水生植物指自然生长在水中、沼泽或岸边潮湿地带的，多为宿根或球茎、地下根状茎的多年生植物。

2. 依据园林用途分类

孤植树、庭荫树、行道树、群丛与片林、观花树（花木）、藤本（藤本类）、植篱及绿雕塑、地被植物、盆景、室内绿化装饰及切花。

孤植树又称独赏树、标本树、赏形树、独植树。主要表现树木的体形美，可以独立成为景物观赏用。适宜作孤植树的树种，一般需树木高大雄伟，树形优美，其树冠开阔宽大，具有特色，且寿命较长，可以是常绿树，也可以是落叶树，通常选用具有美丽的花、果、树皮或叶色的种类。定植的地点应有开阔的空间，以在大草坪上最佳，或植于广场中心、道路交叉口、坡路转角处。

庭荫树又称绿荫树，主要以能形成绿荫供游人纳凉避免日光暴晒和装饰用。在树种选择时应以观赏效果好的为主，结合遮阴的功能来考虑。但不宜选用易于污染衣物的种类。定植的地点多为路旁、池边、廊、亭前后或与山石建筑相配，或在局部小景区三、五成组地散植各处，形成有自然之趣的布置；也可在规整的有轴线布局的地区进行规则式配置。

行道树是为了美化、遮阴和防护等，在路旁栽植的树木。

观花树又称花木，是指具有美丽的花朵或花序，其花形、花色或芳香有观赏价值的乔木、灌木、丛林及藤本植物的统称，在园林中有巨大的作用，应用极其广泛。可作为独赏树兼庭荫树、行道树、专类花园、花篱或地被等。配置形式可对植、独植、丛植、列植、剪形等。定植地点多为路旁、坡面、道路转角、座椅周旁、岩石旁、湖边、岛边、建筑旁基础种植。

植篱又称为绿篱树篱或绿墙，是由灌木或小乔木密植而形成的篱桓，栽成单行或双行的紧密结构的规则种植形式。高度超过人们视线的称绿墙。按照篱的特点，可分为花篱、果篱、彩叶篱、枝篱、刺篱等；按高矮可分为高篱（1.5 米）、中篱（1—1.5 米）、低篱（0.2—1 米）；按形状有整形式、自然式等。

地被植物是指能覆盖地面的植物，一般高度在 30 厘米以下，除草本植物外，木本植物中的矮小丛木、偃伏性或蔓生性的灌木以及藤本均可用作园林地被植物。地被植物的选择，主要考虑植物生态习性能否适应环境条件。地被植物对改善环境，防止尘土飞扬、保持水土、抑制杂草生长、增加空气湿度、减少地面辐射热、美化环境等有良好作用。

盆景可分为山水盆景及树桩盆景两大类。选作树桩盆景的要求是生长缓慢、枝叶细小、耐干旱贫瘠、容易成活而寿命长的树种。

室内绿化植物主要选择观赏价值高、观赏期长、耐荫性强的种类。一般以常绿性暖热带乔灌木和藤本为主，适当点缀些宿根性观叶草本植物、蕨类植物以及球根花卉。

所谓切花，实际上不限于花，凡具有美丽的叶、枝、果、芽等均可作为切花材料。世界四大切花是指月季、菊花、康乃馨、唐菖蒲。

（二）园林植物的观赏特性

1. 姿态

姿态指植物从总体形态与生长习性表现出的大致外部轮廓。它是由一部分主干、主枝、侧枝及叶幕决定的。姿态以枝为骨、叶为肉的千姿百态的植物大致归纳总结为圆柱形、圆锥形、尖塔形、球形、伞形、垂枝形、拱枝形、钟形、匍匐形等。

2. 根脚

根脚即植物根部露出地面的部分，以其自然形态（如榕树的呼吸根），或加工形态（如人为使观根盆景的根部显露于天地之间）独成景观。根脚有爪状、根出状、条纹状、瘤涡状、洞窟状、钟乳状、板根状、膝状等。

3. 枝干

园林植物树干的观赏特性主要表现在色彩及肌理两方面。有些园林植物的干皮呈紫红色、白色、绿色、金色等不同颜色，有些植物的干皮呈现漩涡状、平滑状、龟甲状、斑状、蛇皮状、针刺状等肌理，具有一定的观赏特性。

4. 花

花的观赏特性主要表现在色彩及花型两方面。通过不同季节开花的植物，打造园林植物季相景观。

5. 叶

叶的观赏特性主要表现在叶形及叶色两方面。园林植物的叶片有单叶和复叶之分。单叶又有针形、披针形、倒披针形、线形、心脏形、倒卵形、圆形、匙形、掌形、菱形、马褂形等多种形状。园林植物的叶色有春色叶、秋色叶、常色叶之分，主要有红色、黄色、金色、花色等色彩。

6. 果实

一般果实的形状以奇、巨、丰为准。"奇"指形状奇特有趣，如葫芦瓜、佛手等。"巨"指单体的果形较大。"丰"是就全树而言，均需有一定的数量，才能发挥较高的观赏效果。

二、案例素材

（一）哈尔滨国家森林公园

哈尔滨国家森林公园始建于1958年，1988年正式对外开放，1992年被国家林业局批准为现名。公园位于哈尔滨市香坊区，占地面积136公顷，是中国最具代表性的东北寒温带植物园。

园内建有风格各异的树木标本园、药用植物园、春园、剪型树木园、郁金香园、珍稀濒危植物园、秋叶冬景园、百花园、观果园、蔷薇园、杨柳园等13处植物专类园。园内栽植有东北、华北、西北地区及部分国外引进植物1200余种，被誉为大、小兴安岭，长白山脉植被的橱窗和缩影。

图 7-7 哈尔滨国家森林公园（自拍）

（二）哈尔滨太阳岛公园

哈尔滨太阳岛公园位于黑龙江省南部，坐落在哈尔滨市松花江北岸，东西长约十公里，南北宽约四公里，总面积 38 平方公里，与哈尔滨市区隔水相望。1964 年，太阳岛风景区正式成立，现为国家 5A 级旅游景区，内有俄罗斯艺术展览馆、俄罗斯风情小镇、太阳石、冰雪艺术馆等众多景点，其植物种类丰富，季相景观鲜明，景色秀美。

图7-8 哈尔滨太阳岛公园（自拍）

三、理论思考、实训操作及价值感悟

1.说出园林植物的观赏特性有哪些。

2.指出不同园林植物的形态观赏特征，在植物景观设计中充分体现对植物观赏特性等的运用与表现。

3.选取你所在城市的一个公园、广场、居住区或滨水地带的植物景观，对其植物景观的观赏特性进行分析。

4.分析一下美好植物美丽观赏特性给人带来的心理感受。

● 第三节　园林植物文化特性及其应用

一、理论要点

园林植物文化是指在中国历史发展的过程中，在士人文化、宗教文化、民俗文化等多种因素的影响下，人们利用植物的形态、名称、传说、品质等特征，赋予植物一定的吉祥寓意，使其具有一定的文化内涵，通过植物单体或植物组合的方式，从而更加深刻地表达人们对美好事物的某种意愿，这些具有中国吉祥寓意的植物称为中国传统吉祥植物。

（一）文化植物的资源及分类

吉祥寓意	吉祥植物种类
福	佛手、牡丹、梅、桂花、柿子、灵芝、兰花、葡萄、蔓草、水仙、海棠、桔子、梧桐、荷花
禄	槐树、葫芦、鸡冠花、桂圆、杏树、荔枝、桂花
寿	松、菊、桃树、万年青、灵芝、葡萄、忍冬、天竹（中文学名：南天竹）、柏木
喜	竹、梅、石榴、葫芦、绣球花（八仙花）、葡萄、萱草、枇杷、百合、合欢、紫荆、桑树、栗子
财	枇杷、芙蓉、槐树
吉	桃树、柳树、石榴、茱萸、艾叶、无患子（佛教称为菩提子）、葫芦

（二）中国传统吉祥植物的吉祥寓意

植物品种	吉祥寓意
竹	弯而不折，折而不断，象征柔中有刚的做人原则 竹子空心，象征谦虚 外形纤细柔美，四季常青不败，象征年轻 未曾出土先有节，纵凌云处也虚心，象征最有气节的君子 与"祝"谐音，竹报平安，驱邪祈平安 佛教圣物，表达对佛教的信仰
梅	傲霜耐寒、坚强刚毅、刻苦耐劳
松	坚贞顽强、高风亮节 针叶成对，象征婚姻幸福美满；顽强的生命力，象征健康长寿、富贵延年
橘子	经霜而后红，象征凌寒坚贞、不怕摧折的骨气 吉利
柏树	坚贞顽强 顽强的生命力，象征健康长寿、富贵延年 民间有插柏枝辟邪的习俗
毛白杨	象征坚忍不拔、奋发向上

植物品种	吉祥寓意
菊	坚贞不屈、意志顽强、品性高洁、孤标傲世 食之益寿延年，象征健康长寿
兰花	芳香袭人、花姿优美、是高洁、典雅的象征；象征友谊
水仙	别名凌波仙子，象征纯洁、高尚、美好、吉祥
莲花	出淤泥而不染，洁身自好 莲花根盘而枝、叶、花茂盛，象征夫妻和睦
荷花	出淤泥而不染，花中君子 佛教圣花
银杏	又名"公孙树"，象征长寿不老；刚毅正直、坚忍不拔、不畏强暴的精神
紫薇	紫色的花象征祥瑞富贵 紫气东来，喜气祥瑞
枸杞	益精补气，象征延年益寿
桑	桑树多籽，象征生命力与生殖力
牡丹	花香艳盖世，象征富贵和荣誉
桂圆	圆球形，与荔枝、核桃组合，寓意连中三元 桂谐"贵"音，象征尊贵，与枣、栗子一起，象征早生贵子
石榴	石榴多籽，象征多子多福
枇杷	"摘尽枇杷一树金"象征财富；枇杷多籽，寓意多子多福
荔枝	圆球形，与桂圆、核桃组合，寓意连中三元
绣球花	春季开花，寓意希望
合欢	寓意夫妻恩爱、和睦
紫荆	叶子心形，寓意姊娌和睦，夫妻同心
杜鹃	花中西施，象征着国家的繁荣富强和人民的幸福生活
火棘	象征大公无私、刚正不阿
菖蒲	药用功效甚多，象征驱邪避恶
蓍草	草之多寿者，象征长寿
常春藤	藤蔓绵长，象征生生不息、万代绵长
葡萄	藤蔓绵长，果实累累，寓意多子、丰收、富贵、长寿
金银花	藤蔓绵长，象征生生不息、万代绵长
蔓草	藤蔓绵长，茂盛长久的吉祥象征
紫藤	寿命长，藤蔓绵长，象征长寿；紫色的花象征祥瑞富贵 紫气东来，喜气祥瑞
葫芦	藤蔓绵延，结实累累，象征多子多福，万代绵长 福禄 尽收人间妖气，驱邪避恶
灵芝	形似如意，象征吉祥如意 食灵芝者起死回生，象征健康长寿
月季	别名长春花，象征长久
佛手	"佛"谐"富"音，象征祝福吉祥

植物品种	吉祥寓意
海棠	吉祥如意，与玉兰、牡丹、桂花配置，形成"玉堂富贵"的意境
天竹	取"天"字，与其他植物配置，寓意天长地久、天从人愿、天地长春等
杏	幸福吉祥，象征春意 相传杏园为孔子讲学之地，后世以杏喻进士及第，科举高中
枣树	早生子
玉兰	取"玉"字，与其他植物配置，寓意玉树临风、玉堂富贵、玉堂和平等
桂花	谐"贵"音，象征富贵 "蟾宫折桂""桂林一枝"比喻及第非易，荣耀至极
柳树	"柳"谐"留"音，寄寓留恋、依恋的情感载体 驱邪避恶
芙蓉	"芙"谐"富"音，"蓉"谐"荣"音，象征荣华富贵
柿树	"柿"谐"事"音，象征事事如意
栗子	立子、利子
榉树	"榉"谐"举"音，比喻达官贵人
花生	谐音取意，象征男女插花着生和男女双全之意
百合	百年好合
万年青	顺遂长久、万年长青、万事如意
鸡冠花	"冠"谐"官"音，有加官晋爵的美好寓意
桃	仙桃传说，象征延年益寿；驱邪避恶
茱萸	重阳之日，茱萸插门头，象征辟邪图吉
槐树	三槐吉兆，期许子孙三公之意
无患子	佛教圣树
梧桐	栖凤安于梧，象征吉祥佳瑞、富贵安康
红豆	又名"相思豆"，寓意象征爱情或相思
绣球花	别名"八仙花"，象征吉祥
萱草	萱草宜男，象征母爱，象征忘忧
艾叶	象征驱邪避恶

（三）中国传统吉祥植物的应用手段

1. 植物特性的应用

为了使植物传达的文化寓意与植物自身紧密结合，先人们主要从植物品质（梅兰竹菊）、植物形态（佛手、紫荆、葡萄）、植物名称（玉堂富贵）、植物传说（梧桐、槐树、葫芦、桃子）四方面挖掘植物的吉祥寓意，从而引发人的联想，传达吉祥的信息。

2. 植物组合的应用

所谓复合体是指利用两种或两种以上的植物组合表示某种吉祥内容。例如：芙蓉、桂花组合而成的夫荣妻贵。

（四）中国传统吉祥植物的应用形式

中国传统吉祥植物的应用形式主要为造景应用、装饰应用、营造意境三方面。造景应用是指中国传统吉祥植物以其突出的观赏特性，打造出景色丰富的园林植物景观。装饰应用指中国传统吉祥植物以丰富多彩的形式出现在图案、灯具、地面铺装、建筑装饰之中。营造意境指通过植物文化联想作用，产生情景交融的观赏效果。

二、案例素材

（一）植物寓意（图片引子《中国传统吉祥图案与现代视觉传达设计》）

1. 桂树

相传月中有桂树，桂花又即樨，桂枝可入药，功能为祛风邪、调和作用。宋之问词云：桂子月中落，天香云外飘。桂花象征着高洁，桂花盛开时芳香四溢，是天然的空气清新剂。

图 7-9　寿高富贵　　　　　　图 7-10　夫荣妻贵

2. 牡丹

花开富贵艳丽，品种繁多，花大、形美、色艳、香浓，具有很高的观赏价值。关于牡丹有很多传说，最有名的是武则天与牡丹。武则天登基称帝后，有一年的冬天到上林苑饮酒赏雪，酒后写诗命百花齐放。诗写完后命人焚烧，第二天一早，除牡丹没开外，其余百花盛开。武则天大怒，将牡丹贬至洛阳，而牡丹在洛阳长势良好，后来洛阳牡丹又有"冠天下"的美誉。

图7-11　国色天香　　　　图7-12　玉堂富贵

3. 荷花

　　荷花自古以来颇受我国人民的喜爱，因其"出淤泥而不染，濯清涟而不妖"被称为"花中君子"，有品格高尚、纯净美好、洁身自爱等寓意。荷花花叶清秀，花香四溢，沁人肺腑。在人们心目中是真善美的化身，吉祥的预兆。在佛教中是神圣净洁的化身，吉祥的预兆，佛祖的宝座就是莲的纹样，称之为莲座、莲台。

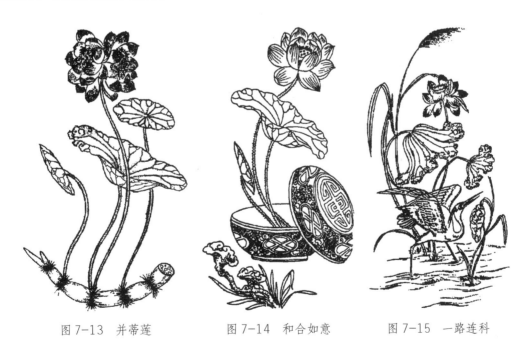

　　图7-13　并蒂莲　　　　图7-14　和合如意　　　　图7-15　一路连科

4. 梅树

梅树对土壤的适应性强。梅花在冬春之交开放，花开五瓣，因气候寒冷，与其他花卉开放时间不同，顾被人们看作傲霜斗雪、心志高洁、清高富贵的象征。其五片花瓣有梅开五福之意，对于家居的福气有提升作用。

图 7-16 喜上眉梢   图 7-17 竹梅双喜

5. 菊

菊花被称为"花中隐士"，尤其为那些不趋世俗、节操高尚的文人志士所钟爱。历代文人墨客咏菊之佳作很多，以菊喻人的品格素雅高洁。菊与梅竹兰称为四君子。

图 7-18 安居乐业   图 7-19 松菊犹存

6. 竹

竹枝干挺拔修长，亭亭玉立，袅娜多姿，四时青翠，凌霜傲雪，我国古今文人墨客，留下诸多咏竹的佳作。苏东坡云："宁可食无肉，不可居无竹。"竹是高雅脱俗的象征，无惧东南西北风。竹历来以清秀素洁、四季长茂、拔节发叶、蓬勃向上的品格而备受国人喜爱。

图 7-20　竹报平安　　　　　图 7-21　青梅竹马

7. 松

松是常绿乔木，树皮多为鳞片状，叶子针形，花单性。中国人视松为吉祥物，松的特点是凌霜不凋、冬夏常青、苍松劲挺、饱含风霜而生机勃勃。因此，古人视松为长青之树。人们赋予松延年益寿、长青不老的吉祥寓意。松常被视作祝颂、健康长寿的象征物，是岁寒三友之首。

图 7-22　松鹤延年　　　　　图 7-23　岁寒三友

8. 桃

传说西王母有蟠桃园，三千年一开花，三千年一结果，吃一枚可增寿六百年。因此，桃在人们心目中成了长寿多福的象征，有仙桃之说。

图 7-24　福寿三多　　　　　图 7-25　多福多寿　　　　　　图 7-26　福寿满圆

9. 石榴

据晋·张华《博物志》载："汉张骞出使西域，得涂林安石国榴种以归，故名安石榴"，因石榴"千房同膜，千子如一"，故中国人视石榴为吉祥物，以为它是多子多福的象征。民间婚嫁之时，常切开置于新房案头。

10. 月季

别名长春花、月月红、斗雪红、瘦客。月季为常绿灌木，小枝绿色，散生皮刺，花生于枝顶，花色甚多，品种万千，花期很长，香味淡雅，四季常开。

图 7-27　榴开百子

图 7-28　四季平安　　　　图 7-29　长春白头

11. 兰花

兰是花中四君子之一，人们对兰花一般都寄托一种幽香高洁的情操，一般都以之象征人的资质和品质，如兰心蕙质。

图 7-30　兰桂齐芳　　　　　　　图 7-31　君子之交

（二）中国传统吉祥植物与士人园林的关系

园林植物作为园林的组成要素，不仅起着丰富景致、组织空间、引导游览等作用，更重要的是园林植物具有较高的审美艺术性，最终成为中国园林中特有的文化符号。潘剑彬在对中国各朝代的经典园林植物景观研究的基础上，提出园林植物就是时代的缩影，是中国历史非文字形式的展现和传承。在士人园林中，园林植物被赋予特定的文化寓意，传递士人所寄寓的思想和愿望。它们或用于植物造景，或用于地面铺装，或用于纹样装饰，或用于景点题目，或用于楹联匾额等多种形式融入士人园林之中，担任着士人园林文化符号的角色。拙政园古"五松园"植松，后"掐峰指柏轩"前植柏，园主利用松柏坚贞顽强、高风亮节的品质，寓意园主对独立天地、风骨长存的高尚品格的崇拜。然而，并不是所有的园林植物都具有文化符号的作用，只有那些包含某种文化信息，具有特定文化寓意的中国传统吉祥植物才真正反映了士人园林构建的真实意图，才是古典园林植物文化中最有价值的内容。换言之，中国传统吉祥植物是士人园林文化的重要载体，是士人园林文化物化体现的形式，对研究士人园林文化具有重要的研究价值。

中国传统吉祥植物作为士人园林的文化符号，是对园主社会观和人生品格的综合反映，同时它的应用也受到士人园林文化的制约。首先，士人园林是在士人的政治理想与专制制度之间矛盾激化，士人们纷纷诉求于精神家园的建构的背景下产生的。士人们渴望避世隐居、寄情山水的生活，植物文化由此获得士人阶层的深切关照，士人们将更多的精力转入植物的物色审美、品格比兴的精神探索上，从而促进了中国传统吉祥植物文化的进一步发展。那些流传下来的对植物的看法的观念，便成为造园者对植物选择的依据。"松、竹、梅"以其自身特征被古人赋予坚贞不屈、高风亮节、皎洁不爽的人格品质，这种品质正是正直的士子文人所孜孜追求的人生境界，因此"松、竹、梅"成为士人园林中应用最为广泛、种植数量最多的植物。其次，士人园林是传统文化和士子文人思想结合的产物，因此，中国传统吉祥植物的应用方式、栽种位置、景观主题的关系等都受到士人园林文化功能的制约与限制。

（三）中国传统吉祥植物在园林中的应用

1. 植物品格应用

植物品格是指人们在对植物的观赏中体会到的某种人格美，于是赋予植物某种资质和品质，我们将人们赋予植物的这种资质和品质称为植物品格。中国传统文化中，对植物品格的鉴赏深受儒家思想的影响。儒家思想提倡以仁为根本，以乐为熏陶，注重人格的锤炼和品性的培养，它提出"君子比德"说，主张在对自然事物的审美中，应从山水花木欣赏中体会到某种人格美。在儒家思想的熏陶下，中国古典园林植物景观营造中，总是以具有比德内涵的植物为首选花木。园林中常用的"四君子""岁寒三友"均源于"君子比德"思想。如梅花有"万花敢向雪中出，一树独先天下春"的品质，因此常用来表现人的坚挺、孤高；兰花一般都寄托一种幽香高洁的情操；竹被视作最有气节的君子，"未曾出土先有节，纵凌云处也虚心"就是它的真实写照；菊花敖霜而立，清廉高洁，象征离尘居隐、临危不屈，陶渊明诗曰"芳菊开林耀，青松冠岩列。怀此贞秀姿，卓为霜下杰"；松，苍劲古雅，不畏严寒，具有坚贞不屈、高风亮节的品格。《论语·子罕》中孔子云："岁寒，然后知松柏知后凋。"《荀子》中有："岁不寒无以知松柏，事不难无以知君子"的格言；莲花出淤泥而不染，濯清涟而不妖，中通外直，历代诗人把莲花喻为君子，给以圣洁的形象。另外，个别植物已成为时代精神的表征。如牡丹的雍容艳丽、神采外放，代表了唐代勇于进取，开张扬厉的时代精神，而梅的淡雅、婉约则与宋朝阴柔内敛的心态相契合。

2. 植物形态应用

植物的形态包括植物的花、叶、茎、果实等方面。先人们充分利用植物的各种典型的形态特性，使不同的植物赋予不同的文化内容，用以表达不同的吉祥寓意。如梅花，花开五瓣，人称"梅开五福"，成为园林铺地的吉祥图案之一；紫荆的叶子呈"心"形，故用以象征同心、团结和兄弟和睦；合欢，其叶子夜合晨舒，因此用以象征夫妻恩爱，婚姻幸福美满，又称"合婚"树；葫芦藤蔓绵延，结籽繁盛，因此被视为子孙万代的吉祥物；枇杷，色黄如金，因此有"摘尽枇杷一树金"的说法，象征殷实富足，同时利用枇杷每一果实内含 1 至数颗坚核的特性，象征子嗣昌盛；石榴，种子多数，有"多子多福、榴开百子"之意。

3. 植物名称应用

对于植物名称的利用，人们多采用植物名称谐音的方式来表达某种吉祥意愿。所谓谐音就是指同一个读音的不同事物相互借用或转换。如用玉兰、海棠、桂花相配，示意"玉堂富贵"；柳树的"柳"与"留"谐音，因此"柳"也就成为寄寓留恋、依恋的情感载体，自此折柳送别成为朋友分别时的惯例，同时柳树也是家庭和家乡的象征；万年青的名称和果色吉利，故人们以其为吉祥、太平、长寿的象征，深为大众喜爱，等等。

4. 植物传说应用

在一些历史典故、神话故事、民俗中常有植物的身影出现，人们根据这些传说赋予植物一定的吉祥寓意，用以表达吉祥的意愿。槐树被认为代表"禄"，古代朝廷种三槐九棘，公卿大夫坐于其下，面对三槐者为三公，后来世人便于庭院植槐，"门前种槐，必定发财"；梧桐被看作圣洁之树，在《诗经》中梧桐与凤凰相联系，梧桐被认为是凤凰栖息之树，有"家有梧桐树，何愁凤不至"的说法；葫芦常被仙家用来装丹药，故其有去疫避毒之意；桃被视为长寿多福的象征，源于西王母的蟠桃园，三千年一开花，三千年一结果，吃一枚可增寿六百年的传说；等等。

5. 造景应用

在对中国传统吉祥植物的分析总结中，我们不难发现：中国传统吉祥植物多为观赏价值较高的植物，在观赏角度上，可观花、观果、观叶、观形态等多方面；在季相景观的营造中，不同的季节均有相应的植物可用来造景；在色彩景观的营造中，有黄色、粉色、白色、红色、紫色等丰富的颜色可供选择。在利用传统吉祥植物造景中，不仅注重了视觉景观的设计，同时还充分利用桂花等芳香植物，达到愉悦心情的目的。

6. 装饰应用

中国传统吉祥植物不仅用于植物景观的营造，还经常用于中国传统吉祥图案、灯具、地面铺装、建筑装饰等多方面。在中国传统吉祥图案中，它常常同其他吉祥事物一起应用，表达美好的意愿。如梧桐的"桐"与"同"谐音，常常作为吉祥图案与其他物体配合，如与喜鹊配合，组成"同喜"的图案。传统灯具中有很多灯具的形态运用了植物形象，这些植物大部分隐含着吉祥寓意。如东汉绿釉九枝陶灯就采用了树的形象。梅花，花开五瓣，人称"梅开五福"，成为园林铺地的吉祥图案之一。留园中利用桃、荷花、石榴、梅花等四种植物的形态做成景窗，以此来表示春夏秋冬四季。

7. 营造意境

中国园林受"天人合一"思想的影响，讲究虽由人做、宛若天开的艺术境界，强调人与自然的融合、园林意境的营造，使人在有限的园林景观中，体会无限的风光，产生无限的联想，从而产生"景有尽而意无穷"的效果。中国传统吉祥植物通过其品格、形态、名称、传说等在园林意境的营造中发挥着举足轻重的作用，如颐和园"乐寿堂"，广植玉兰、海棠及牡丹，寓意"玉堂富贵"；苏州狮子林"燕誉堂"，在庭院里设置有花台、石笋、牡丹丛植，中间种植两株木兰，其题意为"玉堂富贵"；扬州"个园"，以颂竹为主题，"个"为一片竹叶之状，"个"园单取一根竹，更含有独立不倚、孤芳自赏之深意；拙政园内的留听阁左侧池塘中种满了荷花，阁名取自李商隐的"秋阴不散霜飞晚，留得枯荷听雨声"之句，意为临池静听雨打残荷声，亦很美妙动听，具清幽宁静之意境。

三、理论思考、实训操作及价值感悟

1. 中国传统文化对中国吉祥植物文化有哪些影响？
2. 说出中国传统吉祥植物的资源及其吉祥寓意。
3. 找一个中国古典园林的案例，对其中国传统吉祥植物文化进行分析。
4. 从植物角度，你是如何评价我国古典园林的文化内涵的？

● 第四节　园林树木配置方式及基本技巧

一、理论要点

（一）园林树木配置方式

园林植物配置分为规则式、自然式和混合式三种。规则式的植物配置往往选择形状规整的植物，按照相等的株行距进行栽植，效果整齐统一，但有时可能会显得单调。自然式的植物配置方式，以模仿自然界中的植物景观为目的，强调变化，多选外形美观、自然的植物品种，以不相等的株行距进行配置，给人放松、惬意之感，但如果使用不当会显得杂乱。混合式植物配置是一种介于规则式和自然式之间的种植方式，即两者混合使用。考虑采用哪一种形式，必须根据用地的环境和它在总体布置中的作用、地位来决定。

（二）园林树木配置基本技巧

1. 孤植

孤植是树木单株栽植或二、三株同一树种的树木紧密地栽植在一起而具有单株栽植效果的种植类型。孤植可布置在空地、草坪、山冈上，也可配置在花坛、休息广场、道路交叉口、建筑的前庭等规则式绿地中。孤植在景观中具有吸引游人视线，作为视线焦点的作用。因此孤植树木往往选择植株体形高大优美、枝叶茂密、树冠开阔、没有分蘖或具有特殊观赏价值、生长健壮、寿命长、能经受住较大自然灾害、病虫害少、抗性强、喜阳、不含毒素、不易落污染性花果的树种。孤植景观设计应注意以下两点：一是在自然式景观中，孤植树宜偏于场地的一侧，以形成富于动感的景观效果；二是必须留有适当的观赏视距。

2. 对称配置

对称配置是指景物两边的树种按照一定的轴线关系作相互对称或均衡种植的方式。一般选用树形整齐、轮廓严整、耐修剪的常绿树，其品种、体形大小以及株距都应一致的乔木或灌木。对称配置在艺术构图上是用来强调主题的，作主题的陪衬。

3. 列植

列植是指用同一树种或不同树种沿一定方向（直线或曲线）等距栽植的种植类型。列植给人以整齐壮观的艺术感受，有深远感和节奏感，遮阴效果也好。列植可分为单行式、双行式和多行式。列植可选择一个树种列植，也可采用两个树种依据一定的规律进行种植。

4. 对植

对植一般是指用两株或两丛乔灌木按照一定的轴线关系作相互均衡配置的种植类型，即在轴线两边所栽植的植物，其树种、体形、大小完全不一样，但在重量感上却保持均衡状态。

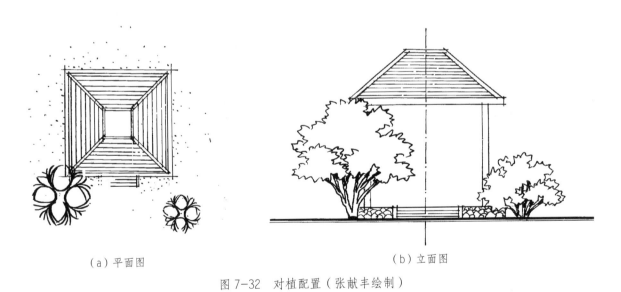

（a）平面图　　　　　　　　　　　　　（b）立面图

图 7-32　对植配置（张献丰绘制）

5. 丛植（2—9株）

丛植是指由数株到十数株乔木或灌木组合而成的种植类型。丛植的树木称树丛，树丛是种植构图上的主景。一般树丛宜布置在大草地、树林边缘、林中空地、宽广水面的水滨、水中的主要岛屿、道路转弯处、道路交叉口以及山丘、山坡上等有合宜视距的开阔场地上。

（1）二株树丛。二株树丛的配置在构图上须符合统一变化的法则。统一，即采用同一树种（或外形十分相似者）。变化，即在姿态和大小上应有差异。二树之间的关系必一大一小，一俯一仰，一欹一直，一向左一向右，侧两面俱宜向外，然中间小枝联络，亦不得相背无情也，其栽植距离应该小于两树冠半径之和，方能成为一个整体。

（2）三株树丛。三株树丛配合最好采用姿态大小有差异的同一种树，如果是两个不同的树种，最好同为常绿树，或同为落叶树，或同为乔木，或同为灌木，忌用三个不同树种。三株配植，树木的大小、姿态要有对比和差异。三株树丛在构图上采用不等边三角形，其中最大的和最小的要靠近一些成为一组，中间大小的远离一些成为一组。若采用两个不同树种，其中大的和中间的为一种，小的为另一种，这样就可以使两个小组既有变化又有统一。

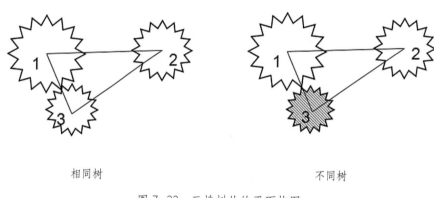

相同树　　　　　　　　　　　　不同树

图 7-33　三株树丛的平面构图

（3）四株树丛。四株树丛可以采用同一树种，或两种不同的树种，但不要乔、灌木混合种植。树种上完全相同时，在体形、姿态、大小、距离、高矮上宜有所不同。在构图上，四株树丛可有 3∶1 和 2∶1∶1 的组合形式。

①树种相同时，分为 3∶1 和 2∶1∶1。忌 2∶2 的组合以及三株在一条直线上。

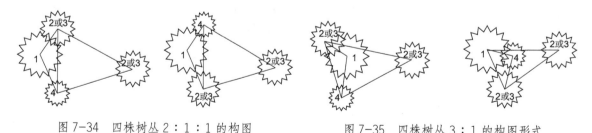

图 7-34　四株树丛 2∶1∶1 的构图　　　　　图 7-35　四株树丛 3∶1 的构图形式

②树种不同时，其中三株为一树种，一株为另一树种。单独树种的这株树不能是最大株，不能单独成一组，必须与另外树种组成一个三株的混交树丛，在这组中，该株应与另一株树靠拢、居中，不能靠外边，最小株与最大株都不宜单独成为一组。

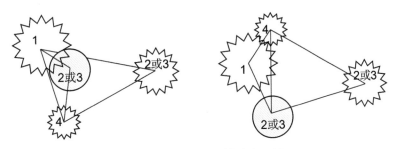

图 7-36　四株不同树种的配置

（4）五株树丛。五株配合可以是一个树种或两个树种，分成 3∶2 或 4∶1 两组。可以同为乔木，同为灌木，同为常绿，同为落叶树，每棵树的体形、姿态、动势、大小、栽植距离都要不同，在 3∶2 组合中，主体必须在三株一组中，其中三株小组的组合原则与三株树丛相同，二株小组的组合原则与二株树丛配合相同，二小组必须各有动势，且两组的动势要取得均衡。

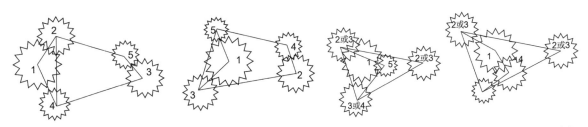

图 7-37　五株相同树丛 3∶2 的组合配置形式　　　图 7-38　五株相同树丛 4∶1 的组合配置形式

当五株树丛由两个不同树种组合时，通常三株为一树种，另外两株为另一树种，在 3∶2 或 4∶1 组合中，都应该把两种树按主、次、配的构图关系进行配置。

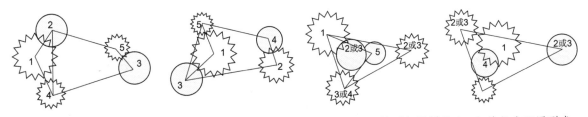

图 7-39　五株不相同树丛 3∶2 的组合配置形式　　　图 7-40　五株不相同树丛 4∶1 的组合配置形式

（5）六株以上的树木配植。六株树丛，可以分为 2∶4 两个单元；如果由乔灌木配合时，可分为 3∶3 两个单元，但如果同为乔木，或同为灌木，则不宜采用 3∶3 的分组方式。2∶4 分组时，其中四株又可以分为 3∶1 两个小单元，其关系为 2∶4（3∶1）。六株的树丛，树种最好不要超过三个以上。

6. 片植

片植是在边框整齐的几何形植床内，成片地种植同一种植物，如成行成排种植的林带、防护林、竹林、花卉、草坪植物等。

7. 群植

群植是多数（10株以上）乔木或灌木的混合栽植。群植的树木为树群，树群主要表现树木的群体美，并不把每株树木的全部个体美表现出来，所以树群挑选树种不像树丛挑选那样严格。树群可分为单纯树群和混交树群两类。

树群可作主景或背景，如果两组树群分列两侧，还可以起到透景、框景的作用。树群若为主景，应该布置在有足够距离的开阔场地上，在树群的主要立面的前方至少在树群高度的4倍、树群宽度的1.5倍距离以上，要留出空地，以便游人欣赏。

8. 篱植

篱植是指由灌木或小乔木以相同的株、行距，单行或双行种植形成紧密绿带的配置方式。篱植所形成的种植类型为绿篱，又称植篱。绿篱在园林中具有围护防范、模纹装饰、组织空间、充当背景、障丑显美等作用。绿篱根据高度可分绿墙、高绿篱、中绿篱、矮绿篱。根据功能要求和观赏特性可分为常绿篱、落叶篱、彩叶篱、花篱、刺篱、果篱等。

二、案例素材

（一）成都天府万科城

天府万科城项目位于成都市，整个项目占地4000亩，坐拥龙泉山城市森林公园，周边围绕黑龙潭风景区、帽顶山生态公园等在内的自然生态资源；内部的山地和原生态资源突出。

天府万科城首开区包含了摇逸花海、草坪音乐、乐丘·悦水·怡田、3万平方米的静谧湖面以及1.2千米的环湖休闲步道和运动公园。

图 7-41　成都天府万科城（引自景观邦：雪儿空间——唐曦摄影）
来源：https://www.shangyexinzhi.com/article/details/id-335537/

（二）恒大御景半岛

该项目位于平顶山市新城区湖滨路东部片区，由恒大集团开发建设，拥内陆城市稀缺滨水地段，享白龟湖一线开阔湖景，生态景观条件十分优越。

图 7-42　恒大御景半岛植物景观（自拍）

三、理论思考、实训操作及价值感悟

1. 园林树木配置形式与园林布局形式有何关系?

2. 园林树木丛植设计要点是什么?

3. 对本地某绿地的植物配置设计进行分析。

4. 拍摄园林植物景观的美景，依据植物配置的技巧分析其植物配置的优点。

5. 谈谈在今后的植物景观设计中，你打算如何运用绿水青山就是金山银山的设计理念指导你的设计创作。

第八章

园林设计程序及图纸实务

学习目标

1.知识目标

（1）能够用思维导图绘制园林设计程序及其要点。

（2）能够说出园林设计程序每一阶段的图纸内容及要求。

（3）能够说清不同类型园林图纸表现的内容与要求。

2.能力目标

（1）能够依据园林设计程序进行园林设计创作。

（2）能够合理选择现状调查的方法，客观全面分析项目现状，撰写项目调查与分析报告。

（3）能够独立绘制规范化的园林设计图纸，表达设计意图。

（4）能够清晰展示、汇报方案设计的流程及设计依据。

3.情意目标

（1）能够认同实事求是、追求真理的辩证唯物史观，并在创作中加强内化。

（2）能够在团队合作中，认同并内化团结互助的精神。

（3）能够在方案创作中，认同并内化以人为本及改革创新的时代精神。

学习重点

（1）能够展示园林设计流程及其要点。

（2）能够独立绘制规范化的园林设计图纸，表达设计意图。

情意培养

（1）在调查阶段，本着实事求是、客观公正为原则进行现状分析。

（2）在团队合作过程中，积极参与团队合作，承担团队工作，勇于表达自己的观点。

（3）坚持以人为本和改革创新的精神进行方案创作。

第一节 调查研究阶段

一、理论要点

设计程序是指对一个园林绿地区域的景观系统进行完整设计所需要采取的一系列步骤，也是设计中一系列的分析及创作思考过程，使园林绿地景观设计尽可能地实现预期规划目标。要实现这个理想的目标，必须对设计过程严格控制，制定明确的工作程序。

（一）调查研究阶段的工作内容

1. 建设单位的调查

（1）建设单位的性质和历史情况；

（2）建设单位的具体要求、标准高低；

（3）建设单位的经济能力，投资限额，材料、资料；

（4）建设单位的管理能力，技术人员、施工机械状况等。

2. 社会环境的调查

（1）城市规划中的土地利用；

（2）社会规划、经济开发规划、社会开发规划、产业开发规划；

（3）使用效率（居民人口，服务半径，其他娱乐设施场所，居民使用方式、时间、年龄，人流集散方向）；

（4）交通（铁路、公路、水路、桥梁、码头、停车场、航空等条件）；

（5）电讯（电话、电报）；

（6）与周围环境的关系（城市中心、近郊工矿企业区、风景游览区）；

（7）环境质量（水、气、噪音、垃圾）；

（8）工农业生产（农用地及主要产品，工矿企业分布，生产对环境的影响）；

（9）设施情况（给排水的地下系统，能源，文化娱乐体育活动设施，景观设施，原有用房的面积风格、结构材料、耗损情况）；

（10）社会管理法令、社会限制等。

3. 历史人文资料调查

（1）地区性质（农村、渔村、未开发地、大小城市、人口、产业、经济区）；

（2）历史文物（文化古迹种类、历史文献遗址）；

（3）居民（传统纪念活动、民间特产、历史传统、生活习惯等）。

4. 用地现状调查

（1）核对、补充所收集到的图纸资料；

（2）土地所有权、边界线、四邻；

（3）方位、地形、坡度；

（4）建筑物的位置、高度、面积、式样、风格、用途及使用状况等；

（5）植物，特别是应保留的古树；

（6）土壤、地下水位、遮蔽物、恶臭、噪音、道路、煤气、电力、上水道、排水、地下埋设物、交通量、景观特点、障碍物、第一印象；

（7）市政管线，园内及公园外围现有地上地下管线的种类、走向、管径、埋置深度、标高和标杆的位置高度。

5. 自然环境的调查

（1）气象：气温（平均气温、绝对最高气温、绝对最低气温）、湿度、降雨量，每月风速、风向、风力、风玫瑰图，有云天数、日照天数、大气污染、积雪厚度、冻土层厚度、结冰期、霜期、晴雨和特别的小气候；

（2）地形地貌：地形起伏度、谷地开合度、地形山脉倾斜方向、倾斜度，沼泽地、低洼地、土壤冲刷地、泛滥痕迹、安全评价；

（3）地质：地质构造、断层母岩、表层地质；

（4）土壤：种类、分布、性质、侵蚀、排水、肥沃度、土层厚度、地下水位；

（5）水系：现有水面及水系的范围、水底标高、河床情况、岸线情况，水的流向、流量、速度，水质 PH（化学分析、细菌检验），水深、常水位、供水位、枯水位，水利工程特点（景观）；

（6）生物：植物和野生动物数量、生态、群落，古老树生长情况、年龄、特点、分布、健康状况；

（7）景观：种类、方位、价值、航空照片及景观照相等。

6. 规划作业调查

（1）定性调查：与园林绿地性质有关的统计资料，如动物园需要动物分布与利用统计；运动公园需要运动人数、设施的统计等；

（2）定量调查：与规划量有关的内容，如空间的最大、最适、最小和使用单位、利用面积；

7. 私人状况的调查

（1）家庭情况：家庭成员及年龄、职业等；

（2）甲方的喜好：喜爱（或不喜爱）何种颜色、风格、材质、图案等，喜爱（或不喜爱）何种植物，喜爱（或不喜爱）何种植物景观等，是否喜欢户外的运动、喜欢何种休闲活动，是否喜欢园艺活动，是否喜欢晒太阳等；

（3）空间的使用：主要开展的活动、使用的时间等；

（4）甲方的生活方式：是否有晨练的习惯，是否经常举行家庭聚会，是否饲养宠物等；

（5）工程期限、造价；

（6）特殊需求。

（二）调查研究阶段的图纸实务

1. 现状测量图

包括位置大小、比例尺、方位、红线、范围、坐标数、地形、等高线、坡度、路线、地上物、产权等；近邻环境情况、主要单位、居民区名称及位置、主要道路名称及走向、交通量、该区今后发展情况；煤气、能源、水系利用；建筑物位置、大小式样风格，表示出保留、拆除、利用、改造建议；现有树木种类、高度；道路分布、断面；现有设施基础、排水、溢水情况。

2. 总体规划图纸（地形、比例尺）

小型园林场地（8公顷以下）比例尺1：500。平地上坡度为10%以下，等高距为0.25米；坡度为10%以上，等高距为0.5米。丘陵地坡度为25%以下，等高距为0.5米；坡度为25%以上，等高距为1—2米。中等园林绿地（8—100公顷）比例尺1：1000—1：2000。100公顷，大比例尺，等高距可密些；小比例尺，等高距可稀些。如比例1：100，坡度为10%以下时，等高距为0.5米；坡度为10%—25%时，等高距为1米；坡度为25%以上时，等高距为2米。大型园林（100公顷以上）比例尺1：2000或1：5000，等高距根据地形坡度可用1—5米。

3. 详细设计测量图纸

比例尺1：5000；方格测量桩距离为20—50米；等高线间隔为0.25—0.5米；道路、广场、水面、地面、各建筑物地面标高；绘出各种公用设备网、地形岩石水面、乔木和灌木群位置，要保留的建筑的平面位置、宅内外标高、立面、尺寸、色彩。

4. 施工所需测量图

比例尺1：200。方格木桩大小视平面大小和地形而异。20—50米平地可大些，复杂地形可小些。等高线间距0.25米，重要地点等高线间距为0.1米。画出原有主要树木，特别要标注出保留树木的位置、品种、树形大小、生长状况、观赏价值、树群及孤植树、花灌木丛轮廓面积，有较高观赏价值的树木最好富有彩色照片。绘出原有建筑、山石、泉池等，环境景物秀丽可以入园者，应画出借景方向。地下管线图一般要求与施工图比例相同。图内应包括要保留的上水、雨水、污水、化粪池、电信、电力、暖气沟、煤气、热力等管线位置及井位等。除平面图外，还要有剖面图，并需要注明管径的大小，管底或管顶标高，压力、坡度等。

综上所述，无论面积大小，设计项目的难易，设计者都必须认真到现场进行踏查。一方面，核对、补充所收集的图纸资料。如：建筑、树木等现状，水文、地质、地形等自然条件。另一方面，设计者到现场，可以根据周围环境条件，进入艺术构思阶段。"佳者收之，俗者屏之。"发现可利用、可借景的景物和不利或影响景观的物体，在规划过程中分别加以适当处理。根据情况，如面积较大，情况较复杂，有必要的时候，踏查工作要进行多次，且不同的地区调查项目的重点可有所不同。现场踏查的同时，拍摄一定的环境现状照片，以供进行总体设计时参考。

（三）现状分析

现状分析是设计的基础和依据，它包括基地自然条件（地形、土壤、阳光、植被等）分析、环境条件分析、景观定位分析、服务对象分析、经济技术指标分析等多方面。现状分析的内容是复杂的，要想获得准确翔实的分析结果，需要多个专业的配合，按照专业分项进行，然后将分析结果分别标注在一系列底图上，将其进行叠加，进行综合性分析，并绘制基地的综合分析图，这种方法称叠图法。现在分析的目的是更好地指导设计，因此不仅要有分析的内容，更要有分析的结果。

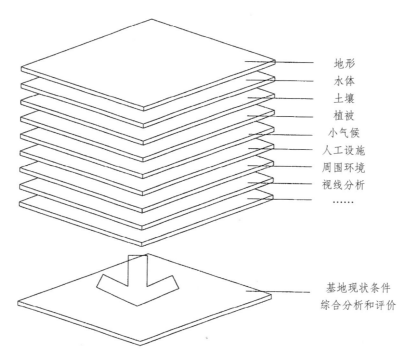

地形
水体
土壤
植被
小气候
人工设施
周围环境
视线分析
……

基地现状条件
综合分析和评价

图8-1　现状分析中的分项叠加法示意图（引自《园林植物景观设计》）

1. 小气候

小气候是指基地中特有的气候条件，即较小区域内的温度、光照、水分、风力等的综合。每块基地都有着不同于其他区域的气候条件，它是由基地的地形地势、方位、植被以及建筑物的位置、朝向、形状、大小、高度等条件决定的。

2. 光照

光照是影响植物生长和人活动的重要因素。日照分析中要对日照的年变化规律、日变化规律、太阳高度角、太阳方位角、场地内光照分布状况、阴影情况进行分析。

3. 风

各个地区都有当地的盛行风,根据当地的气象资料可以找到相关信息。关于风,有风向和风频两个因素,某一地区出现频率最高的风向则为当地的主导风向。通常基地小环境中的风向与基地所在地区的风向基本相同,但如果基地中有某些大型建筑、地形或大的水体、林地等,基地中的风向可能发生改变。

4. 人工设施

人工设施包括基地内的建筑物、构筑物、道路、铺装、各种管线等。

5. 视觉质量

视觉质量评价是对基地内外的植物、水体、山体和建筑等组成的景观从形式、历史文化及其特点等方面进行分析和评价,并将景观的平面位置、标高、视域范围以及评价结果记录在调查表格或图纸中,以便做到"佳则收之,俗则屏之"。通过现实分析确定设计中观赏点的位置,为景观的营造预留位置和范围。

(四)编写计划任务书阶段

计划任务书是进行某园林绿地设计的指示性文件。设计者将所收集到的资料,经过分析、研究,定出总体设计原则和目标,编制出进行园林设计的要求和说明。主要包括以下内容:

(1)明确园林绿地规划设计的原则;

(2)园林绿地在城市绿地系统中的地位和作用;

(3)园林绿地所处地段的特征、四周环境、面积大小和游人容量;

(4)园林绿地总体设计的艺术特色和风格要求;

(5)园林绿地各功能分区、景色分区及活动项目,确定建筑物的容人量、面积、高度、建筑结构和材料的要求,园内公用设备和卫生要求;

(6)园林绿地地形设计,包括山体、水系等要求;

(7)园林绿地建设的投资匡算;

(8)园林绿地分期建设实施的程序。

二、案例素材

（一）某庭院设计（引自《园林植物景观设计》）

1. 项目信息

（1）家庭成员。父亲：喜爱运动、读书，喜欢蓝色、绿色；母亲：喜爱运动、烹饪、读书、听音乐，喜欢玫瑰，喜欢红色；儿子：初中生，喜爱运动，喜欢绿色；四位老人：都在60岁以上，都回到家里暂住，老人们喜欢园艺、聊天、棋盘类活动。

（2）对庭院空间的预期。经常在庭院中休息、交流，开展一些小型的休闲活动，能够种点花草、蔬菜，能够举行家庭聚会（通常1个月1次，人数6—15人不等），能够看到很多绿色，感受鸟语花香，一年四季都能享受到充足的阳光。

（3）设计要求。希望有一个菜园，有足够的举行家庭聚会的空间；在庭院中能够看到绿草、鲜花，从房间里能够看到优美的景色，整个庭院安静、温馨，使用方便，尤其要方便老人使用。

2. 现状测绘

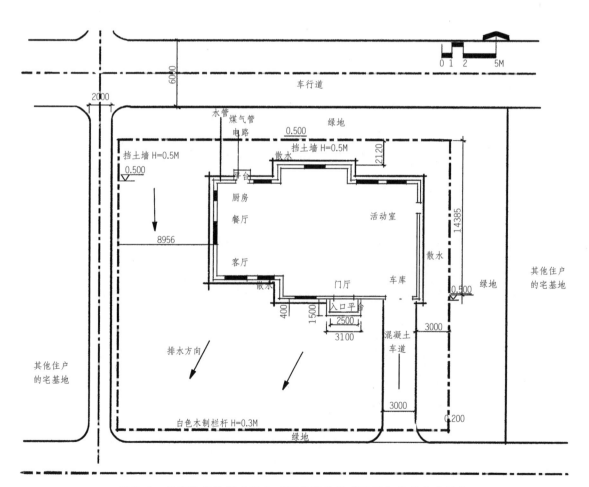

图 8-2 某庭院现状图（引自《园林植物景观设计》张献丰仿绘）

3. 现状分析

（1）小气候。本方案中，住宅建筑是形成基地小气候的关键条件，所以围绕住宅建筑进行分析。

位置	光照	温度	水分	风	条件优劣	适宜的植物
住宅的东面	上午阳光直射	温和	较为湿润	避开盛行风和冷风	较好	耐半阴植物
住宅的南面	最多	最暖和（冬）较干燥		避开冷风	最佳	阳性植物
住宅的西面	午后阳光直射	最炎热（夏）	干燥	最多风的地段	差	阳性、耐旱植物
住宅的北面	最少	最寒冷（冬）最凉爽（夏）	湿润	冬季寒冷	差	耐阴、耐寒植物

（2）光照。本基地住宅的南面光照最充足、日照时间最长，适宜开展活动和设置休息空间，但夏季的中午和午后温度较高，需要遮阴。根据太阳高度角和方位角测算，遮阴效果最好的位置应该在建筑物的西南面或者南面，可以利用遮阴树，也可以使用棚架结合攀缘植物进行遮阴，并应该尽量靠近需要遮阴的地段（建筑物或休息、活动空间），但要注意地下管线的分布以及防火等技术要求。另外，冬季寒冷，为了延长室外空间的使用时间，提高居住环境的舒适度，室外休闲空间或室内居住空间都应该保证充足的光照，因此住宅南面的遮阴树应该选择分支点高的落叶乔木，避免栽植常绿植物。

在住宅的东面或者东南面太阳高度角较低，所以可以考虑利用攀缘植物或者灌木进行遮阴。住宅的西面光照充足，可以栽植阳性植物，而北面光照不足，只能栽植耐阴植物。

（3）风。经调查，基地中的风向有以下规律：一年中住宅的南面、西南面、西面、西北面、背面风较多，东面风较少，其中夏季以南风、西南风为主，而寒冷冬季则以西北风和北风为主。因此，在住宅的西北面和背面应该设置由常绿植物组成的防风屏障，在住宅的南面和西南面则应铺设低矮的地被和草坪，或者种植分枝点较高的乔木，形成开阔界面，结合水面、绿地构筑顺畅的通风渠道。

（4）人工设施。在本方案中，最主要的人工设施就是住宅，应充分考虑建筑物的正立面，园林景观设计应与建筑里面匹配。除地上设施之外，还应注意地下的隐藏设施，如住宅的北入口附近地下管线较集中，这一地段仅能种植浅根性植物，如地被、草坪、花卉等。

（5）视觉质量。本方案建筑北面紧邻车行道，视觉空间狭小，因此应注意对景观效果较差的北面进行屏蔽遮挡。基地西侧是人行道和其他住户的宅基地，来往人群和其他住户的视线不利于基地内的隐私，因此应注意西面的屏蔽。同样，东面也是其他住户的宅基地，因此也要注意视线的屏蔽，以保护基地的隐私性。基地南面景观较好，可以借景，需要保持视野开阔。

4.设计意向书

（1）项目设计原则和依据。原则：美观、实用。依据：《居住区环境景观设计导则》《城市居民区规划设计规范》等。

（2）项目概况。该项目是私人宅院，主要供家庭成员及其亲友使用，使用人群较为固定，使用人数相对较少。

（3）设计的艺术风格。简洁、明快，中西结合，既古朴又略显时尚。

（4）对基地条件及外围环境条件的利用和处理。有利条件：地势平坦，视野开阔，日照充足，南侧有一个小游园，景观较好。不利条件：外围缺少围合，外围交通对其影响较大，内部缺少空间分隔，交通不顺畅；缺少入口标示，缺少可供欣赏的景观。现有条件的利用和处理：入口需要设置标示；东侧设置视觉屏障进行遮挡；南侧设置主体景观、休息空间、交通空间，栽植观赏价值高的植物，利用植物遮阴、通风，可以借景路南侧的小游园，但应该注意庭院空间的界定与围合，减弱外围交通的不利影响；西侧设置防风屏障，创造景观，设计小菜园，并配套工具储藏室，设置交通空间将前后庭院联系起来；北侧设置防风屏障、视觉屏障和隔音带，注意排水，栽植耐阴湿的植物。

（5）功能区及其面积。入口集散空间15平方米，草坪空间60平方米，私密空间（容纳3—4人）8平方米，聚餐空间（容纳10—15人）30平方米，小菜园20平方米，工具储藏室6平方米。

（6）设计需要注意的关键问题。满足家庭聚餐的要求，满足景观观赏的要求。

（二）黑河市中俄林业科技合作园区景观规划（引自：寒地休闲农业与乡村旅游规划设计实践）

1.项目信息

（1）黑河市概况。黑河市位于黑龙江省西北部，小兴安岭北麓，以黑龙江主航道中心为界，与俄罗斯的布拉戈维申斯克市隔江相望，是东西方文化的融汇点。它幅员辽阔，区位优越，资源富集，是一个美丽而又神奇的边境城市，又称"中俄双子城"，素有"北国明珠""欧亚之窗"之称。黑河市是中国首批沿边对外开放城市，辖爱辉区和嫩江县、逊克县、孙吴县3个县，代管北安市和五大连池市两个县级市。有汉、满、回、蒙古、鄂伦春、达斡尔等31个少数民族。幅员68726立方千米，人口172.9万。

黑河市富有北国风光与特色的绿色净土观光带，它拥有冰雪和森林两大世界旅游资源，闻名全国的爱辉古城，富有浓厚民族风情的鄂伦春和达斡尔少数民族聚居地，世界罕见的五大连池天然火山地质博物馆，茫茫的小兴安岭林海等，这些为黑河旅游增添了无穷魅力。

（2）自然资源条件。黑河临近西伯利亚大草原，整体呈寒温带大陆性季风气候特征。春季高温且多风，温度高、雨量大，秋季温度降低幅度较大，冬季干燥且寒冷。全市年平均气温 –13℃ –0.4℃，日最高与最低气温分别为38.2℃和 –40℃，年均降雨量为500—550毫米。

水资源充足，境内拥有黑龙江、嫩江两大水系大小河流621条。全市人均水资源占有量是全国的3.5倍，是黑龙江省的2.6倍。河流均属山区性河流，落差大，适合修建水电站的坝址多。

黑河市林地面积共813万公顷，占全市58.5%的面积，是黑龙江省三大林区之一。

2. 项目分析

（1）区位分析。园区拟在原黑河市林业局西岗子试验林场建设，该区距黑河市43千米。地理坐标为：东经126°59′05″–127°30′50″，北纬49°39′55″–49°54′03″，东北与黑河市卡伦山林场接壤，西南与爱辉区二站林场相连，规划面积120公顷。

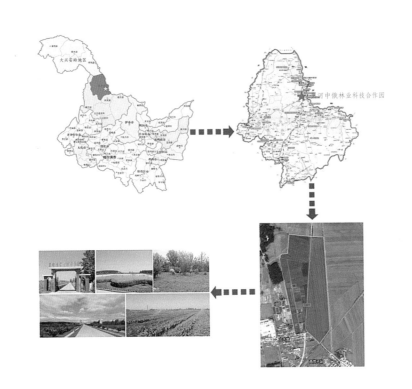

图8-3　区位分析图

（2）现状分析。园区始建于2004年，占地面积60公顷，规划为引种驯化区、科研试验区、种苗繁育区、品种展示区等8个功能区。2011年秋季又征地60公顷，现在全园分东西两区，东区为待规划空地，西区为老园区，主要用于林业苗木的生产培育，现状由以下功能区构成：

①中俄树种展示区。本区是进行种源保存、科普展示、鉴别研究的区域，有80余个树种，150余个品种。

②棚室育苗区。重要的育苗生产区域，现有大棚22栋、温室2栋，占地2公顷，采取播种

和扦插两种方法繁育苗本，年可扦插繁育苗木 200 万株。

③繁殖区。主要利用引进的国内外优良树种的种子进行育苗的区域，采用高床、条插、散播育苗的方法，在春、秋两季进行播种，年可繁育各类苗木 500 万株以上。

④换床区。将繁育的比较弱小不能定植的苗木进行再培育的区域。

⑤果树种质资源保存区。本区主要是对本地种质资源、外来种质资源、野生植物资源和人工创造的种质资源的种、品种或植株进行收集保存，为遗传育种及生产提供一切有用的植物材料的区域。

⑥小浆果栽培展示区。本区主要种植蓝健果忍冬、大果沙装、德届采、强果花根、英运等小浆果树种。按照大地果园栽植模式和管理方法进行种培研究，探索小浆果管理规范，推动成果的转化。

⑦引种驯化区（隔离检疫区）。主要是对引进的可能含有危害性病虫害的苗木进行隔离试种，把危险性有害生物消灭在驯化区中，有效防范林业有害生物的入侵。其次是对引进树种抗进性试验和适应性界化。

⑧科研试验区。是以引进的优良种苗木为材料，对其繁育技术、植物学特性、生物学特性、管理措施等开展研究，为生产、示范、推广提供基础科研资料的区域。

由此可以看出，园区的原有苗木生产规划比较健全，但从园区的现状图来看，仍然存在建设和管理上的问题，如园区管理制度欠缺，杂草丛生；苗木种植较乱，搭配景观不能成景；景观形式单调乏味，缺少观赏性景观等。与园区集生产、休闲、观光，度假、科学示范为一体的新园区建设目标仍有很大差距，需对其进行全面的改造和建设。

3. 规划目标与理念

（1）规划目标。

①力求体现黑河市的俄罗斯文化，建设以苗木生产和观光旅游为主，兼拟科学教育、科技示范、文化传播和生态保护等多种功能的综合性林业科技观光苗圃。

②打造高纬寒地特色林业生态园区，搭建中俄科技交流与合作平台。

③建设园林式、花园式园区，使其成为黑河市文化景观旅游的一大亮点。

（2）规划理念。园区规划体现了"传承、发展、融合"的理念。

①"文化"＋"景观"→"传承"。

将俄罗斯饮食文化、民俗文化、特色风情融入园区景观设计，达到文化展示与传承的目的。

②"生态"＋"经济"→"发展"。

园区本着"尊重自然、生态设计"和"生产为本、旅游为轴"的思想，达到环保经营和服务的三赢，实现园区生态和经济的可持续发展。

③ "生产" + "观光" → "融合"

园区的功能定位使其达到了生产和观光功能的有机融合。

第二节 总体规划阶段

一、理论要点

任务书经上级同意后，根据园林绿地规划设计任务书的要求进行整个园林绿地的总体规划布局的确定，对园林绿地的各部分作全面的安排。

（一）总体规划阶段的工作内容

1. 园林绿地的定位、立意与构思，确定园林绿地在城市景观环境中的角色定位，提炼与表达设计师设计意图与基本观点。

2. 园林绿地与周边环境关系的处理，考虑园林绿地用地内外分隔的处理，与周围环境障景、借景的分析与设计处理。

3. 出入口位置的确定，合理确定园林绿地主要入口、次要入口以及专门入口的位置，并结合入口环境合理布置机动车停车场、自行车停车棚等。

4. 在充分熟悉规划地区调查资料的基础上，要认真组织园林绿地的各功能分区。从占地条件、占地特殊性和限制条件等分析，定出该园林绿地可能接受的功能及规模大小，并对某些必要的功能进行大略的配置。在本区域包含的功能中要有为主的功能单元，首先划出规模，而后再探讨单元，再定出较好的功能组合画面。另外，园林绿地功能分区规划，应结合不同年龄、不同爱好的游人游园的目的和要求，综合对不同功能的场地进行分区规划。

5. 景区划分，根据不同景点确定不同的景区的内容与位置。

6. 园林绿地景观水系的规划，水系空间规划、水底标高、水面标高的控制、水中构筑物的设置。

7. 园林绿地道路、广场及游览路线的组织。

8. 规划设计园林绿地的艺术布局，安排平面及立面的构图中心和景点，组织景观视线和景观空间。

9. 竖向设计、地形处理，估算填挖土方的数量、运土方向和距离，进行土方平衡。

10. 护坡、驳岸、挡土墙、围墙、水塔、水中构筑物、厕所、变电站、雨污排水、消防用水、灌溉和生活用水、电力线、照明线、广播通信线路等管网的布置。

11.植物群路的规划布局，树种种植规划，估算树种规格与数量。

12.园林绿地规划设计说明书，土地使用平衡表、工程量计算、造价预算、分期建园计划等。

（二）总体规划阶段的图纸实务

1.园林绿地的位置图

要表现该园林绿地在城市中的位置、轮廓、交通和四周街坊环境关系，利用园外借景，处理好障景。

2.现状分析图

根据分析后的现状资料归纳整理，形成若干空间，用圆圈或抽象图形将其粗略地表示出来。如对四周道路、环境分析后，可划定出入口的范围；再如某一方向居住区集中、人流量大、道路四通八达，则可划为比较开放、活动内容比较多的区。

3.功能分区图

根据规划设计原则和现状分析图确定该园林绿地分为几个空间，使不同的空间反映不同的功能，既要形成一个统一整体，又要反映各区内部设计因素间的关系。

4.道路系统规划图

道路系统规划是在确定出主要出入口、停车场、主要道路、广场的位置、消防通道、次要道路、各种路面的宽度、主要道路的路面材料和铺装形式等后所制作的图。它可协调修改竖向规划的合理性，在图纸上用虚线画出等高线，再用不同粗细的线条表示不同级别的道路和广场，并标出主要道路的控制高。

5.园林建筑规划图

根据规划设计原则，分别画出园中各主要建筑物的布局、出入口、位置及立面效果图，以便检查建筑风格是否统一，和景区环境是否协调等。彩色立面图或效果图可拍成彩色照片，以便于图纸配套，送甲方审核。

6.竖向规划图

根据规划设计原则以及功能分区图，确定需要分隔遮挡成通透开敞的地方。另外，加上设计内容和景观需要，绘出制高点、山峰、丘陵起伏、缓坡平原、小溪河湖等；同时要确定总的排水方向、水源以及雨水聚散地等。还要初步确定园林主要建筑所在地的高程及各区主要景点、广场的高程，用不同粗细的等高线控制高度及不同的线条或色彩表示出图面效果。

7.电气规划图

确定总用电量、用电利用系数、分区供电设施、配电方式、电缆的敷设以及各区各点的照明方式及广播、通讯等的位置。

8. 管线规划图

根据总体规划要求，解决全园的上水水源的引进方式，水的总用量（消防、生活、喷灌、浇灌、卫生等）及管网的大致分布、管径大小、水压高低等，以及雨水、污水的水量，排放方式，管网大体分布，管径大小及水的去处等。大规模的工程，建筑量大。北方冬天需要供暖，则需要考虑供暖方式、负荷多少、锅炉房的位置等。

9. 植物规划图

根据总体设计图的布局和设计原则，以及苗木来源等情况，确定全园绿化的总构思。种植总体设计内容主要包括确定全园的基调树种、骨干造景树种；不同种植类型的安排，如密林、草坪、疏林、树群、树丛、孤立树、花坛、花境、园界树、园路树、湖岸树、园林种植小品等内容。还有以植物造景为主的专类园，如月季园、牡丹园、香花园、观叶观花园中园、盆景园、观赏或生产温室、爬蔓植物观赏园、水景园；园林绿地内的花圃、小型苗圃等。还要确定最好的景观位置（即透视线的位置），应突出视线集中点上的树群、树丛、孤立树等。图纸上可按绿化设计图例表示，树冠表示不宜太复杂。

10. 总体规划平面图

包括界限、保护界限、大门出入口、道路广场、停车场、导游线的组织；功能分区活动内容、种植类型分布、苗木计划、建筑面积分布；地形、水系、水底标高、水面、工程构筑物、铺装、山石、栏杆、景墙；公用设备网络、人流动线方向。

另外，除需要上述图纸外，还常做出表现图，写出设计说明书，或按照总体规划做成模型，各主要景点应附有彩色效果图，一并拍成彩照，全部交付甲方审批。总体设计方案阶段，还要争取多方案的比较。

表现图是设计者为更直观地表达园林设计的意图，更直观地表现园林设计中各景点、景物以及景区的景观形象，绘制的全园或局部中心主要地段的断面图或主要景点的鸟瞰图，以表现构图中心、景点、风景视线、竖向规划、土方平衡和全园的鸟瞰景观，以便检验或者修改竖向规划、道路规划、功能分区图中各要素间的矛盾或重复。

总体设计方案除了图纸外，还要求一份文字说明，全面地介绍设计者的构思、设计要点等内容，即设计说明书。它包括位置、现状、面积、游人量、工程性质、设计原则、功能分区、设计主要内容（山体地形、空间围合、湖池、堤岛水系网络、出入口、道路系统、建筑布局、种植规划、园林小品等）、面积比例（土地使用平衡表）、树木安排、管线、电讯规划说明、管理机构、估算（按总面积、规划内容、凭经验粗估；按工程项目、工程量、分项估计汇总）、分期建园计划等。

二、案例素材

(一)某庭院设计(引自《园林植物景观设计》)

1.现状分析图

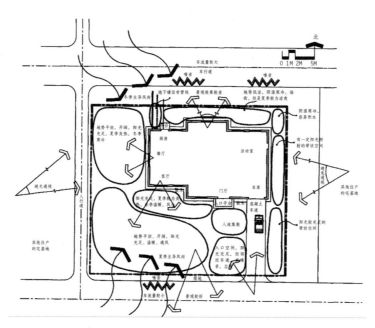

图8-4　某庭院现状分析图1(引自《园林植物景观设计》)

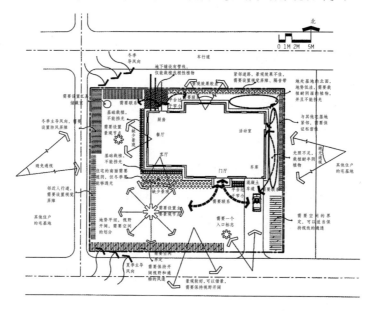

图8-5　某庭院现状分析图2(引自《园林植物景观设计》)

2.功能分区图

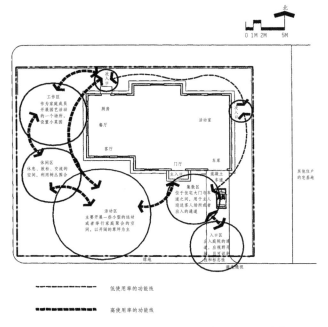

图 8-6 功能分区图(引自《园林植物景观设计》)

3.植物规划图

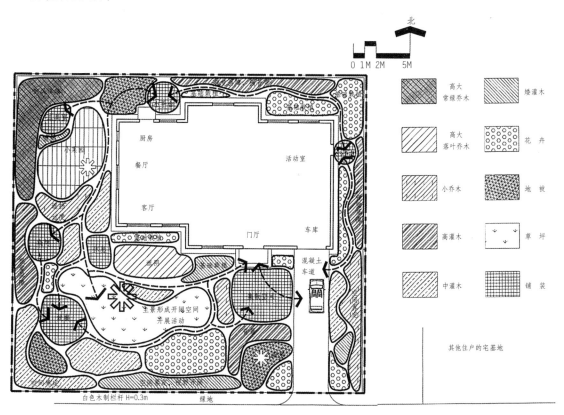

图 8-7 植物规划图(引自《园林植物景观设计》)

（二）黑河市中俄林业科技合作园区景观规划（引自：寒地休闲农业与乡村旅游规划设计实践）

1. 总体布局

根据园区规划目标及规划理念，确定园区总体布局为一轴、两片、六大功能区。

一轴：一条文化提观轴，为观光游览区域的中心主时轴。

两片：整个园区被南北走向的黑嫩公路划分为东西两区。东区以生产示范为主。

六大功能区：大苗墙育区、品种展示与观光区、科普教育区、试验繁育区、科技示范区和办公管理区。

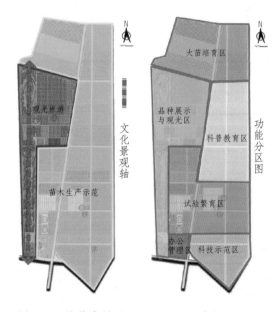

图 8-8　总体布局图　　图 8-9　功能分区图

2. 功能分区

（1）大苗培育区。位于同区的北部，占地面积约 24.75 公顷。主要用于大苗的生产和培育，呈现的是规则式的林业大前生产景观，来访者多为园区工作者，也常用于技术交流参观。

（2）品种展示与观光区。位于园区的西侧，占地面积约 29.92 公顷。为整个园区观光游览的核心地块，全园 90% 以上的景点位于此区域，全园的核心文化景观轴线也由此穿过，主要景点包括：欧洲风情、春之烂漫、孤树之美、金色浪漫、圣洁之林、绿屿红意、特色林路、科普药园、秋之体验、林下广场、中心广场、复活彩蛋、林果庄园等，设计为游人集中游乐的地区。

（3）科普教育区。位于东区的中心地带，占地面积约 23.50 平方米，此区种植了多种优良林木，有科技示范、科普学习的作用。植物采用规划式种植方式，形成秩序良好的林木栽培景观。同时，此区还专门设置了以桩景、盆景、特色树、造型树为主观赏性较强的苗木生产基地。

（4）试验繁育区。位于品种展示与观光区和科普教育区的南部，占地面积约 2991 公顷。此区以引进的优良种苗木为材料，对其繁育技术、植物学特性、生物学特性、管理措施等展开研究，为生产、示范、推广提供基础科研资料的区域。

（5）科技示范区。位于园区的东南角，占地面积约 11.54 公顷。此区引种各类苗木新品种，将新技术、新设施应用于生产，并设置科技成果展示栏，以此来展示科技前沿成果，供来访参观者学习。

（6）办公管理区。位于园区的西南角，占地面积约 2.50 公顷，是集办公、活动、休息于一体的开放性空间。此区设置了办公楼、招待所、苗木容等建筑，配备了生态停车场、树池座椅。楼前绿化以开微空间为主，植物种植以自然式为主，体现艺术的美，根据园区文化和时令，植物造景主题各异，彰显园区生态和文化氛围。

3. 景观规划

（1）景观节点设计。在总体布局与功能分区的基础上进行景观节点的设计。

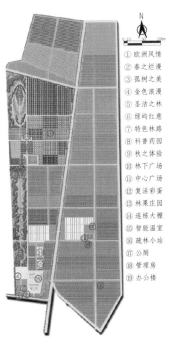

① 欧洲风情
② 春之烂漫
③ 孤树之美
④ 金色浪漫
⑤ 圣洁之林
⑥ 绿屿红意
⑦ 特色林路
⑧ 科普药园
⑨ 秋之体验
⑩ 林下广场
⑪ 中心广场
⑫ 复活彩蛋
⑬ 林果庄园
⑭ 连栋大棚
⑮ 智能温室
⑯ 疏林小站
⑰ 公厕
⑱ 管理房
⑲ 办公楼

图 8-10 总平面图

图 8-11 鸟瞰图

① 欧洲风情。此景点位于园区西南角大门内 50 米范围，大面积种植紫色薰衣草，开敞、壮观，设置了欧式风格座椅以及欧式亭，游人一入园就能感受到浓浓的俄罗斯风情，突出了黑河市东西方文化融合的特点。

② 春之烂漫。此景点北部濒临"欧洲风情"，南侧为园区西南角大门。此处以植物景观为主，

采用乔灌草结合的空间层次搭配，观赏性十足。景点的名称来自于观花植物的种植，以及春天时此景点带给人的浪漫之感。

③孤树之美。此景点将松孤植，形态优美，周围一片紫色薰衣草，浪漫而美丽，达到让游人停留片刻观赏的目的，同时也烘托出园区的浪漫以及景观的丰富性。

④金色浪漫。此景点位于"欧洲风情"的北部，大面积地种植向日葵，夏天到来时，一片片金色映入眼帘，象征着希望。情侣们走到此处不禁想拍照留念，也是结婚外景拍摄的采景宝地，考虑到游人滞留设置了休憩座椅，道路的设计也为游客观赏提供了便利。

⑤圣洁之林。此景点位于"金色浪漫"的北部，此处列植西伯利亚红松，且种植松柏类植物。俄罗斯人民视西伯利亚红松为神树，且认为松杉柏类植物能让人神弃恶从善。游人在游玩中感受俄罗斯人民在松树下祷告的场景，让人们感到俄罗斯文化氛围。设置了下沉空间，游客可以下去观看俄罗斯品种花卉主题，还可以在周围的草坪上休息、观景。

⑥绿屿红意。"绿屿红意"为原中俄特色品种展示园的一部分。该园以特色植物品种的展示观光为主，"绿屿红意"是强调植物配置色彩，采用芍药、红王子锦带、红皮云杉、椴木等树种的搭配种植，同时配有剪型树，增加了景观的可观性。阳光充足的小草坪也为儿童游戏提供了好的场所。

⑦科普药园。此景点位于原中俄特色品种展示园的北侧，以种植科密药材为主。采用自然式种植方法，展现的是药用植物景观。

⑧特色林路。此景点在"科普药园"的北侧，道路蜿蜒曲折，种植了大片的白桦林，周围用绿篱围合。

⑨秋之体验。此景点位于中俄特色品种展示园，大量地采用秋季造型植物，营造秋季植物特色景观，植物生长茂盛，遮住了远方，有幽静、神秘的色彩，同时体现了园区的生态性，它与"圣情之林""绿屿红意""科普药园"和"特色林路"同处于原中俄特色品种展示园。

⑩林下广场。此景点位于"林果庄园"的西侧，是全园唯一的体验广场，供游客采摘后休息。规则式种植了四排树池座椅，树下广场采用生态铺装，体现了园区的生态性。

⑪中心广场。此景点位于"林下广场"的北部，用于群众活动，如一年一度的国际火山旅游节，文艺演出、篝火晚会等活动，是游人度假晚间娱乐场地。

⑫复活彩蛋。复活节是俄罗斯人民的传统节日，复活节彩蛋是复活节中重要的食物，且演变出各式各样的装饰品。在此区内，抓住"复活节彩蛋"这一要素，在道路布局及植物种植中，以椭圆形彩蛋的形状为基本形进行布局，且设有"复活彩蛋"景点，取生命的开始与延续的象征意义，使其与种质资源保护相联系。

⑬林果庄园。此景点位于"复活彩蛋"的东北方向，是特色林果采摘园，栽植了适于寒地

生长的特色林果，如蓝莓、葡萄、蓝旋果、小苹果、李子、山楂、毛樱桃、草莓、树莓等。现场采摘，现场出售林果，还有观光游览的功能。借鉴俄罗斯传统的庄园布局形式，对林果庄园采取了规则式的种质形式，既体现出传统的俄罗斯庄园风格，又便于园区的管理。

⑭疏林小站。此景点位于试验繁育区的东部中心地带，生态、静谧，是极佳的休闲、体验自然之处。设置了木栈道、座椅、景亭等设施，提供观光、休息的功能。

（2）文化景观设计。由上述景观节点设计可见：欧洲风情、春之烂漫、孤树之美、金色浪漫、圣洁之林、绿屿红意、科普药园、特色林路、秋之体验、复活彩蛋、林果庄园等景点俄罗斯风情浓郁，文化景观特色突出，体现了园区的规划特色。

4. 园林小品设计

园区的景观小品主要有座椅、标志牌、景观亭、花架、垃圾箱等服务和观赏性设施，整体与园区的俄罗斯风格相协调，体现园区的文化性和生态性。

5. 植物景观规划

植物景观采用规则式、自然式和混合式的种植形式。大苗培育区、科普教育区、科技示范区和苗木生产区植物种植主要以规则式为主，呈现规则式苗木培育、示范景观。主要植物品种有蓝靛果忍冬、大果沙棘、穗醋栗、黑果、花楸、蓝莓、葡萄、蓝旋果、苹果、李子、山楂、樱桃、草莓、树莓、桃等。

办公管理区和品种展示与观光区来往游客较多，植物景观以观光为主，除林果庄园景点采用规则式种植形式体现俄罗斯传统庄园文化景观外，其余景点均采用自然式或混合式种植，展现植物群落层次和韵律美，营造景观空间意境，从而体现俄罗斯文化氛围下对植物景观营造的高要求。主要植物品种有西伯利亚红松、杜松、樟子松、红皮云杉、白桦、梓树、暴马丁香、紫丁香、稠李、紫叶李、毛樱桃、树锦鸡儿、连翘、红瑞木、锦带花、萱草、紫花地丁、二月兰等。

6. 道路规划

根据园区现状、地形以及功能，将园区道路划分为以下三级：

一级道路：即主要道路，为园区的骨干道路系统，设计必须要满足各种车辆通行。主要设置在园区外围和功能区边界，少部分设置在功能区内部，便于车行，规划宽度4.5米，采用混凝土路面，道路两侧绿化按景观大道设置。

二级道路：即游览道路，主要分布在品种展示与观光区，依主景点和观光、游憩果园展开，用于观光游览。规划宽度2.5—3米，采用混凝土路面，两侧绿化丰富多变，形成精彩的游览线路。

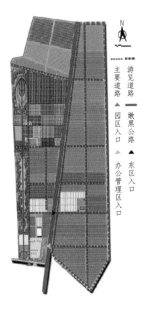

图8-12 道路分析图

三级道路：即游独小路。设置在观赏性强的绿地内，引导游人深入地观赏景区，也便于各功能景区通行，同时也是散步、游览的最佳道路。

第三节　详细设计阶段

理论要点

（一）详细设计阶段的工作内容

在上述总体设计阶段，有时甲方要求进行多方案的比较或征集方案投标。经甲方、有关部门审定，认可并对方案提出新的意见和要求，有时总体方案还要做进一步的修改和补充。在总体设计方案最后确定以后，接着就要进行局部详细设计工作。详细设计也称技术设计。它是介于总体规划与施工设计阶段之间的设计。

1. 主要出入口、次要出入口和专业出入口的设计，包括入口建筑、内外集散广场、服务设施、园林小品、绿化种植、市政管线、汽车停车场和自行车停车棚等设计。

2. 各功能区的设计，包括各功能区的景观建筑、场地设计、活动设施、道路广场、植被绿化、山石水体、管线、照明、构筑物等。

3. 道路交通设计，包括道路的宽度、分布走向、形式、标高、路面材料、道路长度、坡度、曲线转弯半径、行道树配置、道路景观透景线等。

4. 各种园林景观建筑初步设计方案，包括平面大小、位置、标高、主要尺寸、结构、形式、主设备材料及与周围环境的关系。

5. 管线综合设计，包括各种管线的规格、尺寸、埋置深度或高度（可通过文字说明）、标高、坐标、长度、坡度、形式、水表、电表位置，变电或配电间、广播室位置，广播喇叭位置，室外照明方式和照明位置，消防栓位置。

6. 地面排水的设计，包括分水线、汇水线、汇水面积、明暗沟的大小、线路走向、进水口、出水口、窨井位置。

7. 土山、石山的设计，包括平面位置、面积、坐标、等高线、标高等。

8. 水体设计，包括水系范围、驳岸形式、宽度、水底土质处理、标高、水面标高控制。

9. 各种景观建筑小品设计，包括平面、立面、空间造型等。

10. 园林植被，包括品种、位置、种植方式、草地面积及范围等。

（二）详细设计阶段的图纸实务

1. 平面图

根据园林绿地或工程的不同分区，划分若干局部，每个局部根据总体设计的要求，进行局部详细设计。一般比例尺：1：500或1：200。如用方格施工（依据测量基桩，每隔20—50米画出方格）。

2. 纵、横平面图

为更好地表达设计意图，在局部艺术布局最重要部分，或局部地形变化部分，做出断面图。一般比例尺：1：200—1：500。

3. 局部种植设计图

在总体设计方案确定后，着手进行局部景区、景点的详细设计的同时，要进行1：500的种植设计工作。一般在1：500比例尺的图纸上，能准确地反映乔木的种植点、栽植数量、树种、规格等。种植形式主要包括密林、疏林、树丛、园路树、湖岸树等。其他种植类型，如花卉、水生植物、蔓生植物、灌木丛、草坪等的种植设计图可选用1：300比例尺，或1：200比例尺。

第四节　施工设计阶段

理论要点

（一）施工设计阶段的工作内容

根据已批准的规划设计文件及技术设计资料和要求进行设计。要求在详细设计阶段中未完成的部分都应在施工设计阶段完成，并做出施工组织计划和施工程序。

在施工设计阶段要做出施工总图、竖向设计图、道路广场设计图、种植设计图、水系设计图、园林建筑设计图、管线设计图、电气管线设计图、假山设计图、雕塑设计图、栏杆设计图、标牌设计图；做出苗木表、工程量统计表、工程预算表等。

（二）施工设计阶段的图纸实务

1. 施工总图（放线图）

主要标明各设计因素之间具体的平面关系和准确位置。

（1）图纸规范。图纸尽量符合建设部《建筑制图标准》的规定。

（2）施工设计平面的坐标网及基点、基线。一般图纸均应明确画出设计范围，画出坐标网及基点、基线的位置，以便作为施工放线之依据。放线坐标网做出工程序号等。

（3）施工图纸要求内容。图纸要注明图头、图例、指北针、比例尺、标题栏及简要的图纸设计说明内容。图纸要求字迹清楚、整齐，不得潦草；图面清晰、整洁，图纸要求分清中实线、粗实线等各种线型，并准确表达对象。如设计地形等高线以细黑虚线表示，山石和水体以粗黑线加细线表示，园林建筑和构筑物的位置以粗黑线表示，道路广场、园灯、园椅、果皮箱等以中等黑线表示。

2. 竖向设计图（高程图）

用以表明各设计因素的高差关系。如山峰、丘陵、高地、缓坡、平地、溪流、河湖岸边、池底、各景区的排水方向、雨水的汇集点及建筑、广场的具体高程等。一般绿地坡度不得小于 0.5%，缓坡度在 8%—12%，陡坡在 12% 以上。图纸包括如下内容：

（1）平面图。依竖向规划，在施工总图的基础上表示出现状等高线、坡坎（细红线表示）、高程（红数字表示）；设计等高线、坡坎（黑虚线表示）、高程（黑色数字表示）、同一地点 [以△△ / △△（△△）表示]；设计的溪流河湖岸边、河底线及高程、排水方向（以黑色箭头表示）；各景区园林建筑、休息广场的位置及高程；挖方填方范围等（注明填方挖方量）。

（2）剖面图。主要部位的山形、丘陵坡地的轮廓线（用黑粗线表示）及高度、平面距离（用黑细线表示）等。注明剖面的起讫点、编号与平面图配套。

3. 道路广场设计图

主要表明园内各种道路、广场的具体位置，宽度、高程、纵横坡度、排水方向；路面做法、结构、路牙的安装与绿地的关系；道路广场的交接、转弯、交叉路口、不同等级道路的交接、铺装大样、回车道、停车场等。图纸包括如下内容：

（1）平面图。根据道路系统的总体设计，在施工总图的基础上，用粗细不同线条画出各种道路、广场、地坪、台阶、盘山道、山路、汀步、道桥的位置，并注明每段的高程、纵坡坡度的坡向（黑色细箭头表示）等。混凝土路面纵坡为 0.3%—3.5%—5%，横坡为 1.5%—2.5%；圆石或拳石路纵坡为 0.5%—7%—9%，横坡为 3%—4%；天然土路纵坡为 0.5%—6%—8%，横坡为 3%—4%。

（2）剖面图。比例一般为 1：20。首先画一段平面大样图，主要表示各种路面、山路、台阶的宽度及其材料铺设的方法，然后在其下方作剖面图，表示道路的宽度及具体结构层（面层、垫层、基层等）厚度的做法。注意每个剖面都要编号，并与平面配套。

另外，还应作路口交接示意图，用细黑线画出坐标网，用粗线画出路边线，用中等线条画路面内铺装材料拼接、摆放等。

4. 种植设计图（植物配置图）

主要表现树木花草的种植位置、品种、种植类型、种植距离，以及水生植物等内容。植物配置图的比例尺，一般采用1:500、1:300、1:200，根据具体情况而定。图纸包括如下内容：

（1）平面图。根据树木规划，在施工总图的基础上，用设计图例画出常绿树、阔叶落叶树、针叶落叶树、常绿灌木、开花灌木、绿篱、灌木篱、花卉、草地等具体位置，以及品种、数量、种植方式、距离等。树种名、数量可在树冠上注明，如果图纸比例小，不易注字，可用编号的形式，在图旁要附上编号、树种名、数量对照表。成行树木要注上每两株树的距离，同种树可用直线相连。

（2）大样图。重点树群、树丛、林缘、绿篱、花坛、花卉及专类园等，可附大样图，比例一般用1:100。要将组成树群、树丛的各种树木位置画准，注明品种数量，用细线画出坐标网，注明树木间距。在平面图上放做出立面图，以便施工参考。

5. 水系设计图

（1）平面图。应标明水体的平面位置、形状、大小、类型、深浅以及工程设计要求。首先，应完成进水口、溢水口或泻水口的大样图。然后，从全园的总体设计对水系的要求考虑，画出主、次湖面，堤、岛、驳岸造型，溪流、泉水等及水体附属物的平面位置，以及水池循环管道的平面图，用粗线将循环管道走向、位置画出，注明管径、每段长度、标高以及潜水泵型号，并加简单说明，确定所选管材及防护措施。

（2）纵剖面图。水体平面及高程有变化的地方都要求画出剖面图，通过这些图表示出水体驳岸、池底、山石、汀步、堤、岛及岸边处理的关系。

6. 园林建筑设计图

要求包括建筑的平面设计（反映建筑的平面位置、朝向、与周围环境的关系等）、建筑底层平面、建筑各方向的剖面、屋顶平面、必要的大样图、建筑结构图等。

7. 管线设计图

在管线规划图的基础上，表现出上水（造景、绿化、生活、卫生、消防）、下水（雨水、污水）、暖气、煤气等，应按市政设计部门的具体规定和要求正规出图。

（1）平面图。主要注明每段管线的长度、管径、高程及如何接头，同时注明管线及各种井的具体位置、坐标，每个井都要有编号。原有干管用红线或黑色细线表示，新设计的管线及检查井则用不同符号的黑色粗线表示。

（2）剖面图。画出各号检查井，用黑粗线表示井内管线及截门等交接情况。

8. 电气管线设计图

在电气规划图的基础上，将各种电气设备、绿化灯具位置及电缆走向位置等表示清楚。在种植设计图的基础上，用粗黑线表示出各路电缆的走向、位置及各种灯的灯位及编号、电源接口位置等。注明各路用电量、电缆选型敷设、灯具选型及颜色要求等。

9. 假山、雕塑、栏杆、踏步、标牌等小品设计图

做出山石施工模型，便于施工方掌握设计意图，参照施工总图及水体设计画出山石平面图、立面图、剖面图，注明高度及要求。

10. 苗木表及工程量统计表

苗木表包括编号、品种、数量、规格、来源、备注等，工程量包括项目、数量、规格、备注等。

11. 设计工程预算

可按项目估价，算出汇总价；或按市政工程预算定额中园林附属工程定额计算。绿化部分：可按基本建设材料预算价格中苗木单价表及建筑安装工程预算定额的园林绿化工程定额计算。

[1] 唐学山，李雄等编著，园林设计，北京：中国林业出版社，1996

[2] 胡长龙主编，园林规划设计，北京：中国农业出版社，2007

[3] 姚宏韬主编，场地设计，沈阳：辽宁科学技术出版社，2000

[4] 王国明主编，景观设计原理，上海：上海交通大学出版社，2014

[5] 曲娟主编，园林设计，北京：中国轻工业出版社，2012

[6] 唐廷强主编，景观设计与实训，合肥：安徽美术出版社，2016

[7] 陈其兵主编，风景园林植物造景，重庆：重庆大学出版社，2012

[8] 洪丽主编，园林艺术及设计原理，北京：化学工业出版社，2015

[9] 檀文迪主编，景观设计，北京：清华大学出版社，2015

[10] 李文敏主编，植物景观设计，上海：上海交通大学出版社，2016

[11]（美）诺曼 K. 布思主编，曹礼昆，曹德鲲 译，风景园林要素，北京：北京科学技术出版社，
2018

[12] 游泳主编，园林史，北京：中国农业科学技术出版社，2010

[13] 余树勋主编，中国古典园林艺术的奥秘，北京：中国建筑工业出版社，2008

[14] 王利支编，中国传统吉祥图案与现代视觉传达设计，沈阳：沈阳出版社，2010

[15] 金煜主编，园林植物景观设计，沈阳：辽宁科学技术出版社，2008

[16] 刘少宗主编，园林设计，北京：中国建筑工业出版社，2008

[17] 刘庭风著，中国古典园林之旅，北京：中国建筑工业出版社，2003

[18] 李辉，城市公园地形的改造设计——以衢州月亮湾公园为例 [J]. 华中建筑，2009.9

[19] 城市广场的地形设计——以深圳凤岗市政广场为例

[20] 王崑，寒地休闲农业与乡村旅游规划设计实践，北京：中国建筑工业出版社，2017

[21] 马光，胡仁禄，老年居住环境设计 [M]. 黑龙江人民出版社 .1995 年 P79~8

[22] 王欢，适宜老年人的公园绿地建设研究——以南京市为例 [D]. 南京林业大学 .2007

[23] 周文麟，城市无障碍环境设计 [M]. . 科学出版社 .2000.